COLLECTION
PIERRE BARBOUTAU

PIERRE BARBOUTAU

BIOGRAPHIES
des ARTISTES JAPONAIS dont les Œuvres figurent dans la
COLLECTION PIERRE BARBOUTAU

Tome II

ESTAMPES ET OBJETS D'ART

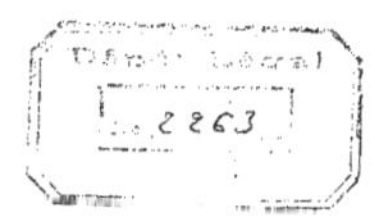

A PARIS

Chez S. BING  Chez L'AUTEUR
22, rue de Provence   70, rue Saint-Louis
19, rue Chauchat   En-l'Ile

MCMIV

DESSINS
ET ESTAMPES

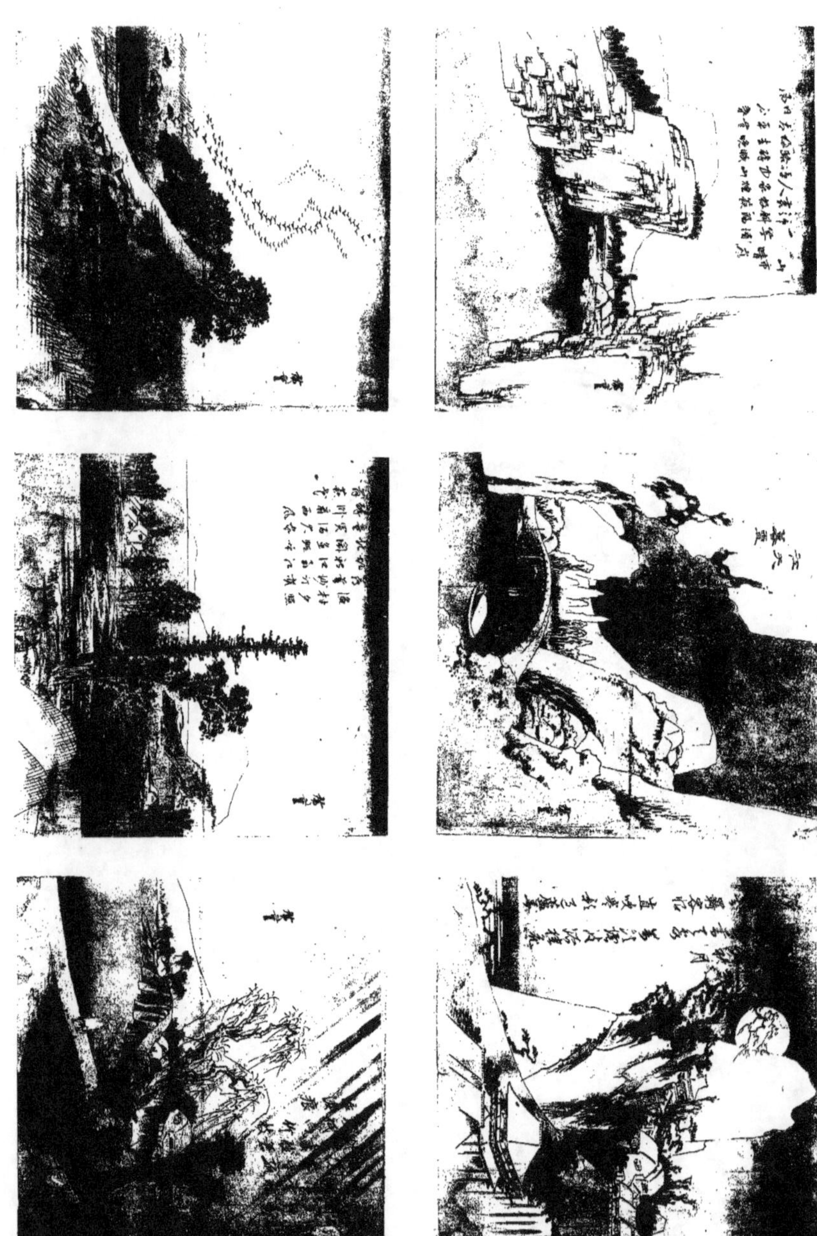

ITCHI-RIOU-SAI HIRO-SHIGHÉ

N° 214 E

ITCHI-RIOU-SAI HIRO-SHIGHÉ

N° 214 B

ITCHI-RIOU-SAI HIRO-SHIGHÉ

N° 214 F

ITCHI-RIOU-SAI HIRO-SHIGHÉ

N° 214 D

ITCHI-RIOU-SAI HIRO-SHIGHÉ

N° 214 A

ITCHI-RIOU-SAI HIRO-SHIGHÉ

N° 214 C

HIRO-SHIGHÉ [1]

1792-1858

214. ❧ Les huit vues des îles Riou-kiou :

A. — Villages construits sur des lagunes boisées. Quelques bateaux à l'ancre ou naviguant. A droite, au fond, une haute montagne.

B. — Deux bateaux stationnent près d'un pont de bois, dans un passage très accidenté enfoui sous la neige.

C. — La pluie bat, le vent fait rage. Un paysan au manteau de paille traverse un ponceau conduisant à un petit village. Les premiers plans sont boisés. Tout au fond s'élève une chaine de montagnes.

D. — Près d'une chaussée, qui mène à une roche boisée s'avançant dans la mer, un vol d'oies se dirige vers des congénères déjà installées parmi les roseaux du rivage.

E. — A droite, entre des rochers baignant à pic dans l'eau, on aperçoit un petit village. Un autre montre, à gauche, le haut de ses toits. Derrière sont des forêts de pins et tout au fond des montagnes élevées.

F. — Dans un site sauvage, aux roches abruptes, parmi des arbres tourmentés et près d'une cascade qui tombe verticalement, la lune éclaire un temple aux constructions nombreuses artistement disposées.

G. — Un temple perdu dans des forêts de pins, sur des sommets élevés que dominent pourtant des montagnes plus hautes encore.

H. — Derrière des roches schisteuses taillées et polies par les orages, un petit port s'appuie à des forêts de pins. La mer est semée de voiles.

Ces aquarelles, destinées à l'exécution de huit estampes, ont été peintes sur papier très mince (contre-collé depuis), pour servir directement à la gravure des planches. Quatre d'entre elles montrent des repentirs de l'artiste: C, dans l'inscription; E, dans le bateau; F, dans les pins tourmentés qui surplombent l'abime; G, dans la pagode et dans les caractères. Six sont enrichies d'une poésie. Toutes enfin sont signées : Hiro-shighé.

Haut. : 0"26; larg. : 0"26.

❧

OUTA-GAVA KOUNI-YOSHI [2]

1797-1861

215. ❧ Onze dessins (faits sur papier mince en vue de la gravure) représentant des apparitions monstrueuses et érotiques :

A. — Le " shishi " (lion chimérique);

B. — Rixe dans un bain public;

C. — Le suicide après l'amour;

D. — Yoshi-tsouné et son fidèle Bén-keï chez les brigands de O-yama

E. — Guerrier et " ghésha ";

F. — Rêves de jeunes filles;

G. — Violences d'un guerrier;

H. — Taï-ko Sama au milieu de ses femmes;

I. — Le flagrant délit (scène de meurtre);

J. — Chez le dieu de l'enfer;

<hr>

[1] Voir sa biographie, tome I, page 65.

[2] Voir plus loin la notice consacrée à cet artiste.

K. — Hidé-yoshi, à Yoshi-hara (apparition de Dharma).
Larg. : 0"325; haut. : 0"225.

216. ❧ Trente dessins (sur papier mince, destinés à la gravure) représentant des sujets érotiques fantastiques :
A. — " Samouraï " et son serviteur épouvantés par une apparition féminine ;
B. — Deux paysans fuyant devant une apparition ;
C. — Un personnage regarde l'exposition d'une tête coupée ;
D. — Les âmes des Taï-ra remontant à la surface de la mer ;
E. — Femme se regardant dans un miroir ;
F. — Trois paysans tombent à la renverse devant une apparition monstrueuse ;
G. — Deux jeunes filles au bain effrayées par l'apparition d'un Dharma ;
H. — Femme pendue à un arbre ;
I. — Homme et femme roulant terrifiés à la vue d'un monstre ;
J. — Un paysan se sauve à toutes jambes, en voyant apparaître sous un saule l'âme de Yanaghi san ;
K. — Pieuvre monstrueuse au milieu des flots ;
L. — Bonze en prière devant une apparition ;
M. — Ishi-kava Go-yé-mon voit, dans un cauchemar, la marmite d'huile bouillante dans laquelle il doit être précipité ;
N. — Le bonze et la jeune servante ;
O. — Hania, démon femelle ;
P. — Un " mon " singulier ;
Q. — La jeune servante est épouvantée par l'apparition du bonze ;
R. — Femme crucifiée ;
S. — La Goule ;
T. — O-kamé regardant des cyprins dans un bocal ;
U. — Apparition sous un saule ;
V. — Le bonze en prière, devant un " kakémono " représentant la servante de ses rêves ;
W. — Figure de femme composée de nombreux corps enchevêtrés ;
X. — Le génie de la tempête ;
Y. — Rêve de bourgeois ;
Z. — Apparition d'un squelette à une jeune femme ;
AB. — Apparition sous un pin ;
AC. — Dharma effrayant un couple d'amoureux ;
AD. — Dharma ;
AE. — Daï-myo inquiet ;
Haut. : 0"225; larg. : 0"165.

KATSOU-SHIKA HOKOU-SAÏ[1]

1759-1849

217. ❧ Composition érotique. Aquarelle sur gravure tirée préalablement en rose pour les traits des chairs et en noir pour les cheveux, le vêtement de l'homme, etc..
Larg. : 0"375; haut. : 0"245.

(1) Voir la biographie de Hokou-saï, tome I, page 76.

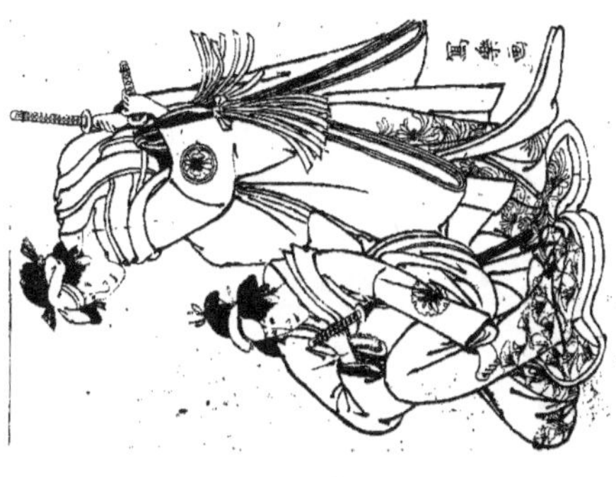

SHA-RAKOU

N° 218 D

SHA-RAKOU

N° 218 F

SHA-RAKOU

N° 218 H

SHA-RAKOU

N° 218 G

SHA-RAKOU [1]

Fin du XVIIIe Siècle

218. — Huit feuilles dessinées pour l'illustration d'un drame. (La première n'a que la moitié de la largeur des autres et porte en bas, à droite, la signature : Sha-rakou. En haut, du même côté, Toyo-kouni Ier, à qui a appartenu cette œuvre précieuse, a imprimé son cachet annulaire, en rouge, comme pour en certifier l'authenticité. Beaucoup de ces compositions portent des repentirs; sur plusieurs on voit des touches d'aquarelle devant servir d'indication au graveur pour la conduite de son travail. Car, nous l'avons dit, ces admirables dessins exécutés sur papier très mince étaient destinés, comme tant d'autres, à périr sous le couteau et la gouge.)

A. — Deux jeunes femmes armées, l'une de deux sabres et l'autre d'un seul, regardent attentivement vers la gauche.

B. — Derrière un " samouraï " somptueusement habillé, qui a pris son chandelier aux dents pour mieux relever son costume (en vue de batailles sans doute), son serviteur tient un sabre renfermé dans un riche étui de soie.

C. — Un homme, tout en colère, déroule, en présence d'un seigneur perplexe, une bannière au " mon " des Minamoto, qu'il montre à une joueuse de flûte affolée.

D. — Auprès d'un érable, un homme portant sur la tête un masque de " shi-shi " relevé, danse entre une musicienne et un montreur de singe chargé de son animal, d'un support et d'un " shamisën ".

E. — Un homme richement vêtu, abrité sous un parapluie, attend une femme qui se dispose à quitter sa demeure, malgré la neige qui couvre le sol. Un serviteur, porteur d'une lanterne, s'incline respectueusement devant la dame.

F. — Devant une tenture suspendue à des arbres, un homme accroupi, porteur d'une bannière enfermée dans un étui, donne un renseignement à un personnage qui tient un papier des deux mains et qu'une jeune femme accompagne.

G. — Un homme, au visage peint, portant un grand sabre, regarde avec colère, vers la gauche, un point qu'examine aussi un autre seigneur dont le sabre est orné au pommeau d'une tête de coq.

H. — Une jeune femme, presque à genoux, tient dans ses mains une boîte à miroir et regarde vers la droite. Auprès d'elle deux hommes debout suivent son regard avec une expression d'étonnement.

Larg. : 0^m31; haut. : 0^m22.

(1) Voir plus loin la biographie de Shara-kou.

HISHI-KAVA MORO-NOBOU

1625-1695

HISHI-KAVA MORO-NOBOU, appelé de son nom vulgaire Kitchi-bè-é, de son surnom You-tchikou[1] et peut-être Kitchi-za-yé-mon, naquit à Yasou-da, suivant les uns, à Ho-da, selon d'autres, dans le district de Heï-gouri, province de A-va (nommée aussi Bo-shiou), où son père, Hishi-kava Kitchi-yé-mon Mitsou-také[2], exerçait l'état de brodeur. Moro-nobou vint jeune à Yé-do. Dès son arrivée dans cette ville, il travailla au métier de son père et s'exerça à l'"ouwa-yé"[3]. Mais son goût pour la peinture le porta à étudier les principes des maîtres de To-sa et le style de Mata-bè-é. Il imita ce dernier au point d'être considéré comme le plus habile artiste qui eût marché dans cette voie après Mata-bè-é. Moro-nobou ouvrit une école particulière et partagea la vogue de ses contemporains Ka-no Tsouné-nobou et Hanabousa It-tcho[4], dont il s'assimila aussi la manière. L'influence exercée alors par ces deux maîtres nous explique suffisamment que Moro-nobou l'ait subie volontairement ou non et que l'on retrouve chez lui quelques traces du style de Ka-no. A notre époque, les dessins de Moro-nobou sont prisés autant que ceux de It-tcho. Ce fut en effet un peintre vulgaire merveilleusement habile et il est resté le modèle des coloristes délicats. Parmi les œuvres qui nous restent de lui, nous citerons : "hana mi no dzou" (visite aux cerisiers en fleurs), "yèn ghéki dzou" (scènes de théâtre), "kwa-gaï no dzou" (scènes de la rue — dans le quartier des femmes galantes —), "shi-ki-you san-no-dzou" (scènes d'amusements des quatre saisons), "founa asobi no dzou" (scènes d'amusements en bateau), "shiou sho hi ghi no dzou" (scènes d'amusements avec des femmes galantes). Ces peintures sont exécutées sur "byo-bou", "kaké-mono", "maki-mono", etc.[5]. Les ouvrages illustrés par Moro-nobou sont très nombreux. Les personnes étrangères à la province de Mou-sashi ont nommé ces dessins "Yé-do yé" (dessins de Yé-do). Le premier livre dans lequel on vit apparaître ce genre d'illustration, le "mi-matchi gouri" (la châtaigne sans graine), fut édité la 3ᵉ année de Tën-wa (1683)[6]. A cette époque Moro-nobou s'acquit une grande réputation. Il a le

---

(1) Il le prit après s'être "rasé la tête".

(2) HISHI-KAVA KITCHI-YÉ-MON MITSOU-TAKÉ, probablement fils du teinturier Hishi-kava Shitchi-yé-mon, de la famille Foudji-hara, porta encore les noms de Mitchi-taka et de Niou-do. Nous savons qu'il exerçait l'état de brodeur dans le village de Ho-da, qu'il a fait de la peinture et qu'il mourut la 2ᵉ année de Kwan-boun (1662).

(3) "Ouwa-yé" (m. à m. : dessin-dessus) désigne le dessin servant à la décoration des tissus.

(4) Il est curieux de constater l'influence que ces deux maîtres ont exercée réciproquement l'un sur l'autre, si l'on réfléchit que Moro-nobou était sensiblement plus âgé que It-tcho. « It-Icho, nous dit le livre C, qui avait étudié le style de Ka-no, dessinait les toilettes de son époque dans la manière de Moro-nobou. » Le même ouvrage ajoute plus loin : « It-tcho dit, dans l'appendice des quatre saisons illustrées, qu'il a espéré dans sa jeunesse pouvoir dépasser un jour les maîtres Iwa-sa Mata-bé-é et Hishi-kava Moro-nobou ». Cela prouve combien il estimait ce dernier.

(5) Les "byo-bou" sont des paravents. Nous ne définirons point les "kaké-mono", ces peintures montées comme des cartes murales et que tout le monde connaît. Les "maki-mono" sont des rouleaux semblables aux papyrus antiques décorés d'un texte calligraphié (accompagné ou non d'illustrations à la main souvent de la plus somptueuse richesse) ou ornés seulement de peintures.

(6) C'est là une erreur, sans doute. Avant 1683 Moro-nobou avait déjà publié le "Yé-do souzoumé" (moineau de Yé-do), dans la 5ᵉ année de Yën-po (1677). Il existe même un ouvrage — le "Yoshi-hara haïari ko outa so makouri"

HISHI-KAVA MORO-NOBOU

N° 221 F

HISHI-KAVA MORO-NOBOU

N° 220

HISHI-KAVA MORO-NOBOU

N° 221 A

HISHI-KAVA MORO-NOBOU

N° 221 D

HISHI-KAVA MORO-NOBOU

N° 221 C

HISHI-KAVA MORO-NOBOU

N° 221 B

plus souvent signé ses œuvres : Hishi-kava Moro-nobou, maître en peinture japonaise. Au village de Ho-da (patrie de l'artiste, on s'en souvient), dans l'enceinte du temple Rïn--kaï-ӡan, existe une cloche jadis offerte par Moro-nobou. Sur cette cloche est gravée l'inscription suivante : Hishi-kava Kitchi-bè-è no Jo Foudji-hara Moro-nobou Niou-do You-tchikou [1], un jour heureux du 5ᵉ mois de la 7ᵉ année de Ghën-rokou (juin 1694). Moro-nobou mourut dans la 8ᵉ année de Ghën-rokou (1695) [2], à l'âge de 70 ans.

AVANT-PROPOS DU " SOUGATA YÉ HIAKOU NIN IS-SHIOU "

Le " Wo-gou-ra shiki shi " (titre du recueil de Wo-gou-ra consacré aux cent poètes célèbres) a été plusieurs fois réédité depuis sa publication originale, en suivant l'ordre adopté par Wo-gou-ra; mais ces éditions successives, destinées aux personnes instruites, ne sont pas à la portée de tout le monde. Nous croyons donc utile d'offrir aux enfants un livre facile à comprendre, qui leur permette d'apprécier chaque poète en pénétrant le sens de chaque poésie. Dans ce but, nous publions le présent ouvrage, que nous intitulons : " souga ta yé hiakou nïn is-shiou ", à l'exemple du " kiou-sokou ka sën " (poètes en repos) écrit et illustré par Riou-ho. Les dessins de notre recueil sont dus à Hishi-kava (Moro-nobou) " qui vient de mourir ". Nous espérons que le public, à qui nous soumettons ce livre, appréciera la manière agréable dont l'artiste a exécuté son travail. Quant à l'explication des poésies, nous donnons celle des anciens auteurs, sans rien y ajouter personnellement.

APPENDICE DU MÊME OUVRAGE

La manière dont chacun fait connaître son nom, en aidant au développement d'une branche quelconque de l'art ou de la science, est indifférente. Hishi-kava Moro-nobou parvint à acquérir une grande renommée, en exécutant de merveilleux dessins remplis de naturel et de vie. Ce maître a laissé à son successeur Moro-Fousa les portraits des cent poètes célèbres, représentés dans les costumes en usage à notre époque. J'avais depuis longtemps demandé au maître Moro-fousa la permission de les publier; ayant enfin obtenu son consentement, je les ai fait imprimer dans l'unique intention d'être agréable au public.

" Le 4ᵉ mois de la 8ᵉ année de Ghën-rokou (mai 1695). "

219. ❧ Douӡe estampes enluminées :
A. — Quatre jeunes femmes regardant des cycas;
B. — Deux jeunes femmes devant un plan de chrysanthème géant;
C. — Trois jeunes femmes, dont l'une lit un " makimono ";
D. — Deux jeunes femmes regardent les fleurs d'une cucurbitacée auprès d'une claie;
E. — Jeune femme devant un pommier fleuri au bord de la mer. — Deux jeunes femmes devant une barrière fleurie;
F. — Jeune femme lisant sur une terrasse, devant un parterre d'œillets. — Une jeune femme assise joue du " shamisën "; une autre, appuyée sur le banc, l'écoute;
G. — Deux jeunes femmes, assises sur des " tatami ", causent et jouent. — Une jeune femme considère des vêtements suspendus sur une corde;
H. — Jeune femme à demi cachée dans un bosquet. — Jeune femme se promenant dans un parc.

220. ❧ Grande estampe imprimée en couleurs. Au-dessous d'un éventail orné d'une poésie, deux groupes de ' samouraï " regardent s'avancer deux jeunes courtisanes accompagnées d'une servante et d'une " kamouro ". Signé : Hishi-kava Moro-nobou.

(recueil des petites chansons à la mode au Yoshi-hara), — non signé, il est vrai, mais que tous les Japonais attribuent à Moro-nobou, daté de la 2ᵉ année de Man--dji (1659). Le " Yé-do souӡoumé " que nous citons dans cette note est, texte et dessins, entièrement fait par Moro-nobou, qui était non seulement un peintre génial, mais aussi un écrivain très distingué.

(1) Parmi les divers noms que le maître s'est donnés dans cette inscription, nous remarquons Niou-do. " Niou " est la prononciation chinoise du mot " iri ", qui signifie entrer. Do, qui correspond de même au " mitchi " japonais, veut dire : route. Le nom entier doit donc se traduire : " entré dans la route ", suivant la voie (sainte). Quant au nom You-tchikou, le livre C nous a appris que Moro-nobou l'adopta lorsqu'il se fut " rasé la tête ", voué à Bouddha; par conséquent quand il fut " entré dans la route ".

(2) Le livre B dit : « Il mourut dans les années de Sho-tokou (1711-1715), à l'âge de 70 ans. » C'est pour réfuter cette erreur dans laquelle tout le monde a suivi chez nous le livre B, que nous donnons ci-après la traduction de la préface et de l'appendice du " Sougata yé hiakou nïn is-shiou ", qui fixent indiscutablement la date de la mort de Moro-nobou. Cet ouvrage fait partie de notre bibliothèque, ainsi que les deux dont nous avons parlé dans la note 6 de la page précédente.

221. ⚜ Sept gravures en noir :
A. — Scène de la rue. Bateleur, musiciens et passants ;
B. — Guerriers chinois dans leur camp ;
C. — Fantasia coréenne ;
D. — Les Ni-ho et deux Tën-gou ;
E. — " Tën-gou " faisant de l'escrime et de la gymnastique ;
F. — La toilette ;
G. — Cour d'un temple, hors de laquelle des " samouraï " croisent des bonzes.

TORI-I KYO-NOBOU

1663-1729

TORI-I KYO-NOBOU, fondateur de l'école des Tori-i, porta le nom vulgaire de Sho-bè-é. Il vécut d'abord à Kyo-to, puis vint habiter Yé-do. Il commença à étudier la peinture suivant les principes de Hishi-kava et dessina habilement des portraits d'acteurs dans la manière de cette école. On cite notamment de lui de nombreuses estampes reproduisant les traits de Itchi-kava Dan-jiou-ro[1]. Plus tard il changea de manière et fonda une école particulière. Kyo-nobou peignit de nombreuses affiches de théâtre et devint si célèbre dans cette branche de l'art que sa manière s'est perpétuée jusqu'à nos jours. Il dessina des estampes sur une seule feuille représentant des scènes de mœurs de son époque, des illustrations pour des romans, pour des livres à l'usage des enfants et aussi pour un ouvrage intitulé : " ko-shokou daï-foukou tcho "[2] (le grand livre d'amour). L'habileté dont il fit preuve dans ces œuvres diverses lui acquit une grande célébrité. A cette époque, les portraits d'acteurs exécutés en laque sur des coupes étaient fort à la mode ; Kyo-nobou se livra aussi à ce genre de peinture. Il florissait dans les années de Ghën-rokou et de Kyo-ho et mourut durant la 14ᵉ année de ce dernier " nën-go " (1729), à l'âge de 66 ans.

222. ⚜ Hoso-yé. Impression en deux tons. Une jeune femme couronnée de fleurs et tenant une tête de " shishi " de chaque main, danse entre deux jardinières garnies de pivoines. — Signé : Tori-i Kyo-nobou.

223. ⚜ —— Daï-kokou et Foukou-rokou traînent Bi-sha-mon sur un char. Estampe en deux tons (vert et rose). — Idem.

224. ⚜ —— Auprès d'un joueur de flûte une jeune femme tenant une lanterne se dispose à frapper sur un gong. Estampe laquée. — Idem.

(1) Itchi-kava Dan-jiou-ro est l'ancêtre d'une célèbre famille d'acteurs, dont les descendants jouissent encore aujourd'hui d'une légitime réputation.

(2) Ouvrage en cinq volumes édité la 10ᵉ année de Ghën-rokou (1697).

TORI-I KYO-HIRO

N° 257

SOUZOU-KI HAROU-NOBOU

N° 275

TORI-I KYO-NOBOU

N° 222

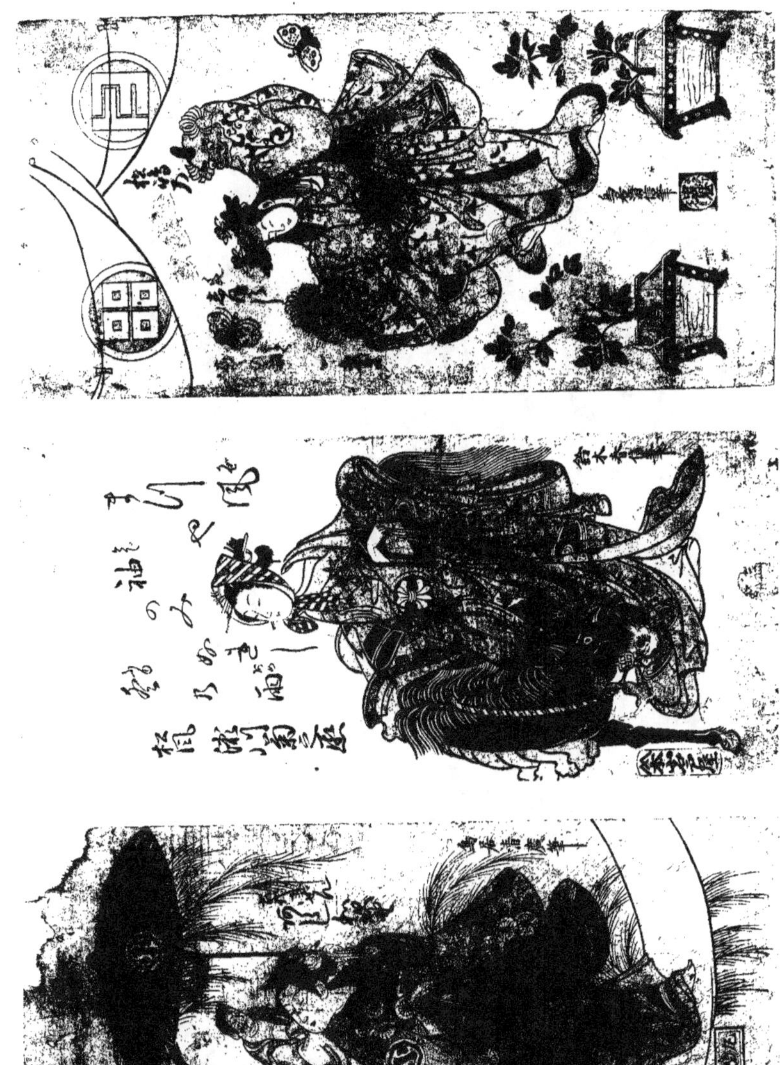

TORI-I KYO-MASOU
XVIIIᵉ Siècle

Fils de Tori-i Kyo-nobou Iᵉʳ, il apprit la peinture chez son père. C'est lui qu'on a nommé Kyo-nobou IIᵉ. Il vivait vers le "nën-go" Kyo-ho (1716-1735).

225. ❧ Hoso-yé. Une jeune femme et un " samouraï " se disposent à faire du " motchi ". Estampe laquée. — Signé : Tori-i Kyo-masou.

226. ❧ ——— Un homme porte une maison minuscule auprès d'une jeune femme assise sur une fleur de lotus et qui tient un maki-mono. Estampe laquée. — Idem.

227. ❧ ——— Une jeune femme montée sur un buffle, joue de la flûte auprès d'un saule. — Idem.

TORI-I KYO-MITSOU
XVIIIᵉ Siècle

Second fils de Kyo-nobou Iᵉʳ, Tori-i Kyo-mitsou, qui plus tard se fit appeler aussi Kyo-nobou et porta le surnom de Han-ji, devint par adoption le fils de Kyo--masou [1]. "Ayant suivi avec succès le pinceau" de son père et celui de son frère, il se livra au genre "Yé-do yé", peignit des affiches de théâtre, dessina des estampes sur une seule feuille et des illustrations pour des livres vulgaires. Il travaillait dans les années de Meï-wa (1764-1771). On dit que, depuis lui, ce nom de Kyo-mitsou a été porté par d'autres peintres de l'école des Tori-i.

228. ❧ Hoso-yé. Sous un pin chargé de neige, un homme enveloppé d'un manteau de paille porte une lanterne. — Signé : Tori-i Kyo-mitsou.

229. ❧ ——— Au bord de la mer, un pêcheur emporte suspendu à un aviron son chapeau et un filet. — Idem.

230. ❧ ——— Jeune acteur en costume de femme. — Idem.

OKOU-MOURA MASA-NOBOU [2]
Première moitié du XVIIIᵉ Siècle

231. ❧ Une courtisane se promène suivie de deux " kamouro ". " Ouroushi-yé " (estampe laquée). Haut. : 0ᵐ315 ; larg. : 0ᵐ17. — Non signé.

---

(1) Son frère. Mais d'autres veulent que Kyo-masou ait été son père.   (2) Voir la biographie de cet artiste, tome Iᵉʳ, page 61.

232. ❧ " Hoso-yé ". La marchande de tabac. " Ouroushi-yé ". — Idem.

233. ❧ —— Cerf et biche axis sous un érable. Estampe laquée. — Idem.

234. ❧ " Ouroushi-yé ". Quatre compositions représentant des personnages vêtus " à la mode de l'époque " : Deux femmes sur une terrasse. — Jeune femme au " kimono " brodé de fleurs et de grues. — Jeune femme examinant un vêtement. — Une dame, les cheveux dans le dos, parle à une servante qui regarde un livre illustré. Haut. : 0"195 ; larg. : 0"15. — Idem.

235. ❧ —— Quatre compositions : Femme portant une boîte et un sabre auprès d'un enfant qui joue. — Jeune femme près d'une cantine. — Dame tenant un éventail de cour. — Jeune femme en kimono orné de bambous et de neige. — Idem.

236. ❧ —— Quatre compositions : Courtisane suivie d'une " kamouro " et d'un serviteur portant un parasol. — Jeune acteur recevant un message. — Jeune femme remettant un message à une servante. — Jeune femme près d'un porte-sabres. — Idem.

236 bis ❧ Estampe étroite et haute (montée en " kakémono ") : Portrait de Fouka-i Shi-do-kën, peint, la claquette en mains, pendant une conférence faite par lui, dans un établissement public compris dans l'enceinte du temple de Asa-kousa à Yé-do. Signé : Ho-ghetsou-do Okou-moura Boun-kakou Masa-nobou sho-hitsou (vrai pinceau de Ho-ghetsou-do Okou-moura Boun-kakou Masa-nobou). Au-dessous, un cachet en forme de gourde donne : Tan-Icho-saï.

OKOU-MOURA TOSHI-NOBOU

XVIIIe Siècle

OKOU-MOURA TOSHI-NOBOU, élève de son père Okou-moura Masa-nobou, porta comme lui le surnom de Shi-do-kën. Il appliquait sur ses œuvres un cachet à l'encre rouge, en forme de gourde et s'intitulait " peintre japonais ". Il représenta les mœurs populaires de son temps et fut un des plus habiles artistes de l'" Ouki-yo-é ". Il a exécuté surtout des estampes sur une seule feuille. Toshi-nobou florissait vers les années de Ho-réki (1751-1763).

237. ❧ " Hoso-yé ". Jeune noble et son précepteur. " Ouroushi-yé ". — Signé Okou-moura Toshi-nobou, " peintre japonais ".

238. ❧ —— La jeune servante nommée Foudji (glycine) sous la plante dont elle porte le nom. — Non signé.

SHIBA-TA YASOU-NOBOU [1]

238 bis ❧ " Hoso-yé ". Jeune femme, au chapeau fleuri, portant sur l'épaule un bambou, à chaque extrémité duquel est appendue une double corbeille de fleurs. Estampe laquée. — Signé : Shiba-ta Yasou-nobou, " peintre japonais ".

---

(1) Nous croyons devoir rattacher à l'école de Okou-moura ce peintre sur lequel nous ne possédons aucun renseignement.

OKOU-MOURA TOSHI-NOBOU

N° 238

OKOU-MOURA MASA-NOBOU

N° 231

OKOU-MOURA TOSHI-NOBOU

N° 237

TORI-I KYO-MASOU

N° 225

SHIBA-TA YASOU-NOBOU

N° 238bis

TORI-I KYO-MASOU

N° 226

元板尾見江江町横ちか林蓋

屋嶋中町坂本板筆倍清居鳥

TORI-I KYO-NOBOU

N° 224

FOUSA-NOBOU

N° 273

OKOU-MOURA MASA-NOBOU

N° 236 bis

KORIOU-SAI

N° 304

YEI-TOKOU

N° 269

TORI-I KYO-MASOU

N° 227

鈴木春信画

清長画

TORI-I KYO-SHIGHÉ [1]

XVIII' Siècle

239. ❧ " Naga-yé " (dessin long) imprimé en noir seulement. Sho-ki, son terrible sabre en main, à la recherche d'un ennemi. — Signé : Tori-i Kyo-shighé.

TORI-I KYO-NAGA

XVIII' Siècle

Élève de Tori-i Kyo-mitsou, il se nommait Séki [2] de son nom de famille, et se qualifiait : quatrième Tori-i. Kyo-naga se fit connaître d'abord en peignant les vieilles coutumes populaires; puis il changea de manière, dans la seconde moitié de sa vie, et fonda une école particulière [3]. Il exécuta des compositions en couleurs, destinées à l'illustration des livres, et des estampes où figuraient de jolies femmes " vulgaires ", genre très à la mode à cette époque. Il donna encore à la gravure bien d'autres dessins et se distingua particulièrement dans la représentation des guerriers. Depuis les "nën-go" Ghën--rokou et Ho-yeï (1688-1710), "aucun artiste n'est sorti à sa droite" [4]. Ce fut lui qui inaugura, dans l'habillement des femmes, l'harmonie bleu et "rouille", ainsi que les robes d'été tissées en chanvre. Ce fut lui aussi qui trouva le moyen de rendre dans les estampes la transparence d'un vêtement qui laisse apercevoir le vêtement de dessous. Kyo-naga eut beaucoup d'élèves. Il est mort dans le "nën-go" Boun-ka (1804-1817).

240. ❧ " Naga-yé ". Jeune femme descendant un escalier. — Signé : Kyo-naga.

241. ❧ —— Le " sën-nin " Kouné et la jeune lavandière. — Non signé.

242. ❧ —— Le départ difficile. — Signé : Kyo-naga.

243. ❧ —— Le jeune homme indiscret. — Non signé.

244. ❧ —— Jeune femme tenant une serviette. — Signé : Kyo-naga.

245. ❧ —— Deux jeunes femmes en promenade. — Idem.

246. ❧ Petite estampe carrée. Deux jeunes femmes regardent à travers un grillage les ébats de canards mandarins. — Idem.

247. ❧ Estampe en hauteur. Deux jeunes femmes saluées par un homme portant du poisson. — Idem.

(1) Élève de Tori-i Kyo-nobou I", il florissait durant les années de Kyo-ho (1716-1735).
(2) Suivant un autre auteur, Séki n'aurait été que le nom vulgaire de l'artiste qui aurait porté aussi ceux de Shin-souké et Ilchi-bé-é. L'auteur nous apprend encore que le père de Kyo-naga se nommait Shiro-ki-ya Ilchi-bé-é et tenait une boutique de tabac dans l'endroit appelé Shin-ba, à Yé-do.

Quant à Kyo-naga, il était le principal employé du libraire Téra-moto-bo.
(3) On dit que le troisième Tori-i, Kyo-mitsou, n'a pas eu de fils, mais une fille qui, mariée à un dessinateur pour tissus nommé Matsou-ya Kamé-ji, devint mère de Kyo-miné, le cinquième Tori-i.
(4) Est-il besoin d'expliquer cette simple et belle expression japonaise, dont le sens est : il ne nous est né aucun artiste qui puisse prendre rang avant lui.

248. Estampe en largeur. Deux petits paysages encadrés d'un fond noir à inscriptions en réserve (Fait partie de la série des huit vues célèbres de Yé-do). — Idem.

249. Petite estampe en large.

250. " Hoso-yé ". Jongleuse et son impresario. — Signé : Kyo-naga.

251. —— Bën-keï s'emparant du bonze To-sa Bo Sho-shioun envoyé pour tuer son maître Yoshi-tsouné. — Idem.

252. —— Estampe divisée en deux parties dans la hauteur : Enfant gonflant un ballon. — Enfant jouant à la toupie. — Non signé.

253. —— Acteur portant une ample robe rouge et un énorme sabre. — Signé : Tori-i Kyo-naga.

254. Estampe en largeur. Quatre groupes de personnages de théâtre. — Idem.

TCHO-KI [1]

XVIIIᵉ Siècle

254bis. Deux estampes en hauteur :
A. — Promenade de courtisanes, le premier jour de l'année, sous des pins factices dressés à cette occasion. — Signé : Tcho-ki.
B. — Deux courtisanes, leurs " kamouro " et un serviteur portant un parasol. — Idem.

TORI-I KYO-TSOUNÉ [2]

XVIIIᵉ Siècle

255. " Naga-yé ". Une jeune femme, vêtue de rose, montre à son enfant un petit aquarium. — Signé : Kyo-tsouné.

TORI-I KYO-MASA [3]

XVIIIᵉ Siècle

256. " Hoso-yé ". Une gracieuse jeune femme au " kimono " rayé blanc et noir se baisse pour ramasser quelque chose à terre. Derrière, sa compagne, toute de rose vêtue, regarde. Auprès d'elles, un cours d'eau dont l'autre bord est planté de grands arbres. — Signé : Kyo-masa.

---

(1) Nous n'avons rien trouvé dans nos trois livres, qui concluât cet artiste, probablement élève de Kyo-naga.
(2) Tori-i Kyo-tsouné, élève de Tori-i Kyo-mitsou, travaillait dans les années de Mei-wa (1764-1771).

(3) Tori-i Kyo-masa, élève de Tori-i Kyo-mitsou, vivait dans le " nën-go " Kwan-seï (1789-1800).

MASOU-NOBOU

N° 290

TORI-I-KYO-TSOUNÉ

N° 255

ISO-DA KO-RIOU-SAI

N° 295

ISO-DA-KORIOU-SAI

N° 294

TORI-I KYO-HIRO [1]

Mort en 1776

257. ☙ " Hoso-yé " en deux tons (rose et vert). Une jeune femme, abritant sous un grand parasol Bouddha enfant qu'elle porte sur son dos, traverse le pont du ciel auprès d'un saule pleureur. — Signé : Tori-i Kyo-hiro.

TORI-I KYO-MINÉ

XVIIIᵉ et XIXᵉ Siècles

Fils d'un maître brodeur, Tori-i Kyo-miné, qui se nommait vulgairement Sho--no-souké, avait appris la peinture chez Kyo-mitsou Iᵉʳ [2], dont il devint le gendre [3], puis chez Kyo-naga [4]. Au commencement de Boun-ka (1804-1817) et pendant huit ou neuf ans environ, il imita la manière de Outa-gava Toyo-kouni Iᵉʳ. Vers le " nën-go " Tën-po (1830-1843), il changea de nom et prit celui de Kyo-mitsou IIᵉ. Il s'est qualifié aussi : le « cinquième Tori-i ». Kyo-miné peignit des affiches de théâtre et donna beaucoup de dessins à la gravure, composant des illustrations pour les livres vulgaires et des estampes représentant de jolies femmes.

258. ☙ Estampe à trait rose pour les chairs. Jeune ghésha tenant un " shamisën " de la main droite et présentant de la gauche une coupe à " saké " en laque rouge. — Signé : Kyo-miné.

259. ☙ —— Jeune ghésha tenant des deux mains un petit présentoir de coupe à saké. — Idem.

260. ☙ Grand " sourimono ". Deux hercules se disputent vivement la possession d'un éléphant qui ne semble pas leur peser plus qu'un fétu de paille. — Une inscription placée à droite se lit : « Exécuté par le cinquième (Tori-i) Kyo-miné d'après l'ancêtre Tori-i Kyo-nobou. »

261. ☙ Grand " sourimono " décoré d'une langouste de taille naturelle, d'une tortue, d'un " mon ", de fleurs, d'attributs divers et de poésies. — Signé : Le cinquième (Tori-i), Kyo-mitsou.

HOSO-DA YEÏ-SHI [5]

XVIIIᵉ et XIXᵉ Siècles

262. ☙ "Naga-yé". Jeune femme debout fumant auprès d'une autre femme assise qui lit une lettre. — Signé : Yeï-shi.

(1) Élève de Tori-i Kyo-naga, il se nommait vulgairement Shitchi-no-souké. On connaît de lui des portraits d'acteurs et des affiches de théâtre. Il est mort dans la 5ᵉ année de An-yeï (1776).
(2) Voir la notice qui le concerne, page 9.
(3) Les livres A et B nous donnent tous deux ce renseignement qui concorde mal avec la note 4 de la biographie de Kyo-naga. Nous voyons en effet dans celle-ci qu'« une fille de Kyo-mitsou épousa un dessinateur pour tissus nommé Matsou-ya, dont elle eut Kyo-miné », qui serait ainsi le petit-fils seulement du troisième Tori-i.
(4) Son oncle, le quatrième Tori-i. Voir la notice qui lui est consacrée, page 11.
(5) Voir la biographie de Yeï-shi, tome I, page 62.

263. ❧ Grand format en hauteur. Une courtisane à robe rouge ornée de fleurs se retourne vers ses deux " kamouro " qui lisent une lettre. — Signé: Yeï-shi.

264. ❧ —— Une jeune femme, assise auprès d'un présentoir supportant des cadeaux, choisit un éventail. —Idem.

264bis. ❧ Trois grandes estampes en largeur représentant les phases successives de l'habillement d'une dame de la cour. — Attribué à Yeï-shi.

264ter. ❧ Douze petites estampes en largeur représentant des sujets érotiques. — Non signé.

YEÏ-SHO [1]
XVIIIe et XIXe Siècles

265. ❧ " Naga-yé ". Une jeune femme, tenant un parapluie, écoute les propos de sa compagne qui porte un chapeau de paille. — Signé : Yeï-sho.

266. ❧ —— Une jeune femme debout s'évente, pendant que son amie se baisse pour cueillir un jeune pin. — Idem.

267. ❧ Deux estampes de petit format en hauteur. Deux jeunes femmes au bord d'une rivière, l'une assise, l'autre debout fumant. — Deux jeunes femmes se promènent, en face d'un temple, au bord d'une rivière. — Idem.

268. ❧ Grand format en hauteur. Trois jeunes femmes sous un cerisier fleuri. — Signé : Yeï-sho.

YEÏ-TOKOU [2]

269. ❧ "Naga-yé ". Deux jeunes femmes demi-nues, l'une debout, l'autre assise, procèdent à leur toilette. — Signé: Yeï-tokou.

YEÏ-SOUI [3]

270. ❧ Grand format en hauteur. Yama-ouba et son fils Kin-toki tenant un cerf-volant. — Signé: Yeï-soui.

ISHI-KAVA TOYO-NOBOU
1710-1785

ISHI-KAVA TOYO-NOBOU, qui a porté le surnom de Shiou-ha et le nom vulgaire de Shitchi-bè-é, était de Yé-do et y exerçait le métier d'aubergiste; lorsque, sentant en lui la vocation de la peinture, il devint élève de Nishi-moura Shighé-

---

(1) Yeï-sho, élève de Hoso-da Yeï-shi, a produit beaucoup d'estampes et de dessins vulgaires. Il vivait vers le " nên-go " Boun-ka (1804-1817).
(2 et 3) Aucun de nos ouvrages ne mentionne ces artistes. Nous avons tout lieu de les supposer élèves de Yeï-shi; le caractère « yeï » est d'ailleurs le même dans ces trois noms.

HAROU-NOBOU

N° 286

ISHI-KAVA TOYO-NOBOU

N° 271

KO-RIOU-SAI

N° 296

-naga [1]. Il est remarquable surtout par l'habileté avec laquelle il a représenté les détails de la vie des restaurants à la mode et des maisons du Yoshi-hara; pourtant il ne pénétra jamais dans ces établissements [2]. Il dessinait bien les mœurs populaires de ses contemporains de l'un et l'autre sexe. On doit à Toyo-nobou des compositions dans les genres " Yé-do yé " et " béni-yé " qu'il exécuta au commencement de Ho-réki (1751). On a aussi de lui des estampes sur une seule feuille et des livres illustrés [3]. Enfin, nous savons qu'il fit d'admirables " shoun-gwa ". Il fut le père du poète fantaisiste Rokou-jiou-yën I-mori. L'écrivain Ghek-kin croit que le peintre vulgaire Ishi-kava Ho-ga, contemporain de Toyo-nobou et dont il a vu des estampes sur une seule feuille, pourrait bien être aussi son fils. Toyo-nobou est mort le 25ᵉ jour du 5ᵉ mois de la 5ᵉ année de Tën-meï (juin 1785), à l'âge de 75 ans.

271. ❧ " Naga-yé ". Une jeune femme, dans un mouvement de grâce pudique, ramène sa robe sur son corps. — Signé : Ishi-kava Toyo-nobou.

272. ❧ Estampe imitant un petit kakémono. Jeune homme regardant la couverture d'un livre. — Signé : Ishi-kava Shiou-ha.

TOMI-GAVA FOUSA-NOBOU

XVIIIᵉ Siècle

Son nom vulgaire était Marou-ya Kiou-é-mon ; ses surnoms : Ghïn-setsou, Ghïn-oun et Hiak-ki ; il s'est appelé aussi Yama-moto Kou-za-yé-mon. Il était établi marchand d'estampes en gros dans la 3ᵉ division de O-dën-ma tcho, à Yé-do. Ruiné dans son commerce, il se mit à faire de la peinture vulgaire, l'ayant étudiée jadis chez Nishi-moura Shighé-naga. Fousa-nobou exécuta un grand nombre de dessins de fantaisie [4] et d'estampes ; mais sa peinture nous le montre médiocrement habile [5]. Nous savons qu'il vivait encore dans les années de Meï-wa (1764-1771), qu'il eut un fils nommé Tcho-bè-é, qui exerça la profession d'imprimeur xylographe, et que sa famille tomba dans la misère.

273. ❧ " Naga-yé ". Les sept sages dans la forêt de bambous. — Signé : Tomi-gava Ghïn-setsou.

---

(1) Voir la biographie de ce peintre dans une note de la biographie de Harou-nobou, page 16.

(2) Suivant un autre auteur, Toyo-nobou fréquentait assidûment les lieux de plaisir.

(3) Parmi lesquels : le « kyo-ka man-zaï shiou » (poésies burlesques, souhaits de longue vie) et le « yé hon souyé tsoumou bana » (m. à m. : livre, dessins ajoutés, ramassées fleurs — c'est un ouvrage illustré dans lequel est contée une partie de l'histoire de la famille Minamoto —).

(4) Dessins illustrant des ouvrages légers : romans, contes, nouvelles, etc.

(5) Le livre A, souvent sévère, est injuste ici. Nous reproduisons, à l'appui de notre contradiction, un " naga-yé " (estampe étroite et haute) de Fousa-nobou représentant " les sept sages dans la forêt de bambous ". La composition est simple et noble comme le style, qui rappelle celui des Ka-no.

SOUZOU-KI HAROU-NOBOU

Mort en 1770

SOUZOU-KI HAROU-NOBOU a porté le nom de Ko-riou-saï [1] et a demeuré dans le quartier Rio-gokou à Yé-do. Il entra chez Nishi-moura Shighé-naga, qui lui apprit la peinture " vulgaire ". Il a joui d'une haute estime parmi ses contemporains; on le nomme actuellement l'ancêtre de l'estampe [2]. Au commencement de Meï-wa (1764), il dessina des planches du genre qu'on appelait alors " Adzouma nishiki yé " (mot à mot : Adzouma, brocart, dessin) [3]. Vers la même époque, à l'occasion du " printemps nouveau ", il fit, pour un calendrier abrégé [4], de grands et de petits " souri-mono " [5] qui furent très goûtés du public. Il en fit imprimer d'abord cinq ou six séries, et c'est au développement de cette idée première que nous devons l'estampe moderne. Cependant, Harou-nobou n'a pas dessiné d'acteurs. Il disait à ce propos : « Je suis " peintre japonais ", pourquoi reproduirais-je des figures de " kava hara mono " [6]? » Sa décision sur ce point fut inébranlable et jamais il ne portraitura un acteur. En revanche, nous avons de lui beaucoup de livres illustrés et d'estampes diverses. Vers la 6ᵉ année de Meï-wa (1769), à l'époque de la célébration, dans le temple You-shima Tën-jïn [7], de la cérémonie durant laquelle on montrait " l'image riante " de Ishi-dzou Sho-shi, le dieu de Sën-shiou [8], on avait choisi, pour exécuter la danse sacrée, deux petites danseuses fort jolies; l'une s'appelait O-nami et l'autre O-hatsou. Il existait dans le même temps au quartier de Ya-naka (à Yé-do), auprès du temple du dieu Kasa-mori

(1) Il nous paraît bon de réfuter ici l'affirmation si légèrement avancée par quelques personnes, touchant l'identité de Souzou-ki Harou-nobou et de Iso-da Ko-riou-saï (célèbre sous le dernier de ces noms) qui a laissé lui aussi tant de beaux ouvrages. Le nom de Ko-riou-saï a été porté par Harou-nobou au dire de plusieurs écrivains et nous reconnaissons que des planches signées Ko-riou-saï, doivent être l'œuvre de Harou-nobou; mais il existe une foule d'estampes signées Ko-riou-saï ou seulement Ko-riou, que l'on ne saurait attribuer à Harou-nobou. En outre Iso-da Ko-riou-saï seul a dessiné des gravures dans un style dérivant des Ka-no; de plus, il a été nommé « Ho-kyo » (titre honorifique accordé aux artistes) et a fait quelquefois précéder son nom de cette qualification dans la signature de ses œuvres. Enfin, pour preuve dernière, et tout à fait concluante, nous reproduisons un " naga-yé ", de notre collection, représentant une jeune femme occupée à rattacher sa ceinture. Voici la traduction exacte de l'inscription placée dans le nuage qui la domine :

« Ce dessin, œuvre ancienne de Souzou-ki Harou-nobou, a été retrouvé chez « lui après sa mort. Une personne l'a fait graver sur bois et est venue me prier « d'y mettre des couleurs. Ne pouvant oublier les liens d'amitié que la peinture « avait formés entre ce maître et moi, j'ajoute au sien mon pinceau maladroit, bien « que j'ignore si la chose lui eût plu. »

L'inscription se termine par une poésie dont le sens est : « Dans ce dessin, « l'encre brille d'un tel lustre, que la beauté de la couleur violette ne saurait la « surpasser. » Le tout est signé : Ko-riou-saï.

(2) Un des ouvrages qui nous renseignent dit à ce propos : « Il est le fondateur de l'estampe »; phrase peu claire par elle-même, puisque bien d'autres en avaient dessiné avant Harou-nobou. Cela signifie seulement que l'estampe moderne dérive de lui; qu'il fut bien véritablement le créateur de l'estampe telle qu'elle a été comprise depuis et que nous la comprenons nous aussi; qu'on lui doit cette gravure aux tonalités riches et multiples, qui la font ressembler à un brocart. C'est bien ainsi d'ailleurs qu'elle a été désignée depuis lors : nishiki-yé (nishiki : brocart; yé : dessin). Nous avons vu que, avant Harou-nobou, les gravures imprimées portaient des dénominations particulières : " Yé-do yé ", dessin de Yé-do (Ouki-yé, dessin vivant, etc.). Les Japonais ont donc eu raison, selon nous, de dire dans ce sens que Harou-nobou a été l'ancêtre, c'est-à-dire le créateur de l'estampe.

(3) C'est-à-dire dessins imitant les brocarts que l'on fabrique à Adzouma. Nulle désignation n'est plus poétique et plus juste en même temps que cette appellation complète. Le livre C dit seulement Adzouma yé (dessins de Adzouma). Adzouma est l'ancien nom des pays de l'est, parmi lesquels s'élève Yé-do.

(4) Au Japon, les quatre saisons étaient les occasions de fêtes populaires, en nombre déterminé. Peut-être ce calendrier abrégé ne contenait-il que l'indication des fêtes principales. Peut-être aussi doit-on prendre cette expression dans le sens de calendrier partiel ne donnant qu'une saison ou plus ou moins.

(5) « Souri-mono » signifie littéralement objet imprimé. Les Japonais nomment ainsi d'ordinaire de petites estampes accompagnées de poésies. Ce sont en général des chefs-d'œuvre de gravures, tirés avec un soin tout particulier. On a fait aussi de fort grands « souri-mono ».

(6) Mot à mot : rivière, lande, personne; c'est-à-dire celui qui parcourt les bords des rivières et les endroits déserts; c'est un terme de désignation des vagabonds. A une certaine époque, au Japon, les acteurs étaient très méprisés, parce qu'ils avaient commencé par être des mendiants nomades, des sortes de bohémiens, donnant des représentations théâtrales. Le temps a bien modifié cet état de choses et l'empereur a décoré, il y a quelques années, Dan-jiou-ro, le grand acteur de drame, mort tout récemment.

(7) Sihiée à Yé-do près de Oué-no.

(8) Sën-shiou est un autre nom de la province de Idzou-mi où se trouve O-saka.

SOUZOU-KI HAROU-NOBOU

N° 277

鈴木春信画

SOUZOU-KI HAROU-NOBOU

N° 282

SOUZOU-KI HAROU-NOBOU

N° 280

SOUZOU-KI HAROU-NOBOU   SOUZOU-KI HAROU-NOBOU   SHOUN-TCHO   SOUZOU-KI HAROU-NOBOU

N° 283 bis   N° 288   N° 601   N° 287

Inari, une maison de thé appelée Kaghi-ya [1] dans laquelle vivait une jeune servante, nommée O-sën. Alors aussi, au quartier d'Asa-kousa, était un magasin de cure-dents appelé Yanaghi-ya [2], tenu par Ni-heï ji, dont la fille se nommait O-foudji [3]. Ces deux dernières jeunes filles étaient, comme les danseuses, d'une beauté ravissante. Harou-nobou dessina les portraits de toutes les quatre, puis en fit des estampes qui furent immédiatement très appréciées et lui valurent de nombreux éloges. Il mourut le 15ᵉ jour du 6ᵉ mois de la 7ᵉ année de Meï-wa (juillet 1770). L'écrivain Shiki-teï San-ba croit que notre artiste eut un élève, dont on ignore le véritable nom, qui habita la rue Hashi-moto et devint le deuxième Harou-nobou. Ce dernier serait allé, dans sa vieillesse, étudier à Naga-ʒaki la peinture hollandaise; puis, revenu à Yé-do, y aurait été très à la mode. Il y a tout lieu de croire, ajoute l'auteur, que cet artiste était Shi-ba Ko-kan [4].

274. ✤ Suite de vingt-quatre planches en couleur représentant les vues célèbres de Adʒouma. C'est cette suite précieuse, éditée vers 1764, que l'on nommait alors "Adʒouma nishiki-yé" (dessins-brocarts de Adʒouma, c'est-à-dire de Yé-do). — Non signé. Haut.: 0ᵐ225; larg.: 0ᵐ16.

275. ✤ "Hoso-yé". Une jeune femme conduit un cheval par la bride. — Signé : Souʒou-ki Harou-nobou.

276. ✤ Estampe en hauteur. Un jeune homme regarde de son balcon une jeune femme qui monte l'escalier en tenant une lanterne. — Idem.

277. ✤ Format carré. La leçon de flûte. — Idem.

278. ✤ Estampe en largeur. Une jeune femme allume une pipette auprès de son époux qui s'éveille. — Non signé.

279. ✤ Estampe en hauteur. Deux grues au bord d'une rivière. — Signé : Harou-nobou.

280. ✤ Estampe en largeur. Tendre tête-à-tête. — Non signé.

281. ✤ —— Joueuse de " shamisën " et son amoureux. — Signé : Harou-nobou.

282. ✤ —— Un jeune homme, à genoux dans une allée d'arbres, voit apparaître deux femmes sur un léger nuage. — Non signé.

283. ✤ —— Le galant tête-à-tête interrompu. — Idem.

283 ᵇⁱˢ. ✤ "Naga-yé "..Kwa-non, sous la forme d'une jeune femme, tenant à la main un " makimono ", traverse la mer sur un grand poisson. — Signé : Harou-nobou.

284. ✤ —— Jeune femme faisant des bulles de savon pour amuser son enfant. — Idem.

285. ✤ —— Jeune homme revenant de la pêche avec un enfant qui tient une tortue. — Idem.

286. ✤ —— Enfant jouant avec sa mère. Signé : Souʒou-ki Harou-nobou.

287. ✤ —— Femme taquinant un jeune chat avec une balle suspendue à un fil. — Idem.

288. ✤ —— Jeune femme renouant sa ceinture. — Signé en bas : Harou-nobou. Une inscription placée en haut nous apprend que Harou-nobou, récemment défunt, n'avait laissé que le trait de cette estampe et que Koriou-saï a été chargé de la mettre en couleurs.

289. ✤ Petit format en hauteur. Kwa-non, son " makimono " à la main, traverse la mer sur le grand poisson. — Signé : Harou-nobou.

(1) Kaghi-ya (maison de la clé). C'était l'enseigne de l'établissement qui lui avait valu ce nom.

(2) Yanaghi-ya veut dire : maison du saule; c'était aussi une enseigne qui avait fait nommer ainsi la maison.

(3) Cette dernière beauté était employée dans une maison de tir à l'arc de salon. L'exercice du petit arc est une distraction favorite des Japonais. Aux maisons qui offrent ce passe-temps, sont attachées des jeunes filles généralement très jolies, dont l'emploi consiste à ramasser les flèches et à servir les clients.

(4) Voir la biographie de ce peintre, tome I, page 64.

MASOU-NOBOU [1]

XVIIIᵉ Siècle

290. ❧ " Naga-yé ". Ko-matchi, son " koto " devant elle et presque entièrement cachée par une porte-coulisse, écoute la sérénade du prince Nari-hira, vers qui se dirige une servante tenant une lanterne. — Signé : Masou-nobou.

ISO-DA KO-RIOU-SAÏ

XVIIIᵉ Siècle

Il s'appelait vulgairement Iso-da Sho-bè-é. D'abord " samouraï " d'un petit " daï- -myo " nommé Tsoutchi-ya, il s'éprit de l'" ouki-yo-é " et suivit les leçons de Nishi- -moura Shighé-naga [3]. Devenu " ro-nïn ", Ko-riou-saï se livra exclusivement à la " peinture vulgaire " [4]. On publiait à cette époque des estampes étroites et hautes qui représentaient des femmes galantes du Yoshi-hara. Il se mit à en composer un grand nombre qui eurent beaucoup de succès [5]. On possède de lui un ouvrage remarquable intitulé: " Kou- -zatsou Yamato so gwa " [6], d'un dessin très puissant, chose assez rare dans les illustra- tions de livres imprimés. Ko-riou-saï fut nommé " Ho-kyo " [7]. Il a habité Ya-ghën-bori, dans le quartier de Rio-gokou; il se surnomma alors : le " Samouraï " solitaire de Ya- -ghën-bori à To-to [8]. On ignore la date de sa mort; on sait seulement qu'il vivait vers le " nën-go " An-yeï (1772-1780) [9].

291. ❧ " Naga-yé ". Une courtisane, accompagnée de sa " kamouro ", lit une lettre à la lueur d'une lanterne. — Signé : Ko-riou-saï.

292. ❧ —— Une jeune femme élève au-dessus de sa tête son enfant, à qui un homme montre une image. — Idem.

(1) Cet artiste, que nous avons tout lieu de croire élève de Souzou-ki Harou- -nobou, n'est mentionné dans aucun de nos trois ouvrages.

(2) Sorte de harpe horizontale.

(3) NISHI-MOURA SHIGHÉ-NAGA, nommé vulgairement Mago-zabou-ro et surnommé Sën-kwa-do, apprit le dessin chez Kyo-nobou, le premier Tori-i et devint très habile à rendre les mœurs populaires et à portraiturer les acteurs. C'était un " peintre national ". Il a donné beaucoup d'estampes et illustré un grand nombre de livres. Shighé-naga florissait dans les années de Kyo-ho (1716-1735).

(4) Les livres A et B disent que la peinture de Ko-riou-saï « ne lui acquit point une grande réputation ». Cette allégation surprendra tous ceux qui connaissent les admirables estampes du maître. Nous avons d'ailleurs la preuve qu'il fut goûté de son temps dans sa nomination au titre de " Ho-kyo ", distinction honorifique ac- cordée aux seuls peintres de mérite. Le livre B, après avoir mentionné qu'il fut promu " Ho-kyo ", ajoute naïvement : « On dit qu'il n'était pas adroit en peinture. »

(5) Le public goûtait beaucoup ce format appelé " naga-yé " (long dessin), trouvant que ces estampes étroites et hautes imitaient des ornements de piliers Les piliers des monuments étaient en effet décorés habituellement de peintures ou de sculptures et quelquefois de la combinaison des deux. On pouvait donc comparer assez justement les estampes dont s'agit à des ornements de piliers.

(6) C'est-à-dire : mélanges de dessins japonais en courant. Les Japonais dis- tinguent la manière " shïn " (classique) de la manière " so " (rapide) exécuté comme avec un pinceau qui courrait.

(7) Nous donnons une reproduction réduite de la magnifique estampe du maître représentant les " sept dieux du bonheur ". Cette composition, qui semble l'œuvre d'un Ka-no, porte la signature : Ho-kyo Ko-riou-saï.

(8) L'expression japonaise flotte entre : " samouraï " retiré et " samouraï " caché. Elle fait évidemment allusion à la situation de " ro-nïn " dans laquelle se trouvait l'artiste. Nous possédons un " naga-yé " (que nous reproduisons ici) por- tant la signature du maître précédée de : Le " samouraï " retiré de Ya-ghën-bori, à Yé-do, province de Bou-shiou. On sait que To-to est un autre nom de Yé-do.

(9) On se reportera avec intérêt sans doute à la note 1 de la biographie de Harou-nobou qui donne la traduction d'une inscription mise par Ko-riou-saï sur une estampe dessinée seulement par Harou-nobou et dont, après la mort de celui- ci, il avait été chargé par un éditeur de déterminer le coloriage. Cette inscription, nous l'avons dit déjà, réfute victorieusement l'opinion de ceux qui ont confondu les deux artistes en un seul. Nous savons — c'est de là sans doute qu'est née la confusion — que Harou-nobou a porté, entre autres, le nom de Ko-riou-saï et nous avons tout lieu de penser qu'il a signé des estampes de ce nom; mais il n'est dit nulle part (et rien ne nous autorise à le supposer) que Iso-da Ko-riou-saï ait jamais porté le nom de Harou-nobou. Le deuxième Harou-nobou fut, on s'en souvient, Shi-ba Ko-kan.

KO-RIOU-SAI

N° 310

KO-RIOU-SAI

N° 309

KO-RIOU-SAI

N° 311

湖龍齋画
湖龍齋画

OUTA-MARO	HAROU-NOBOU	KO-RIOU-SAI	YEI-SHI	HAROU-NOBOU	KYO-NAGA	KO-RIOU-SAI
N° 696	N° 285	N° 293	N° 262	N° 284	N° 244	N° 298

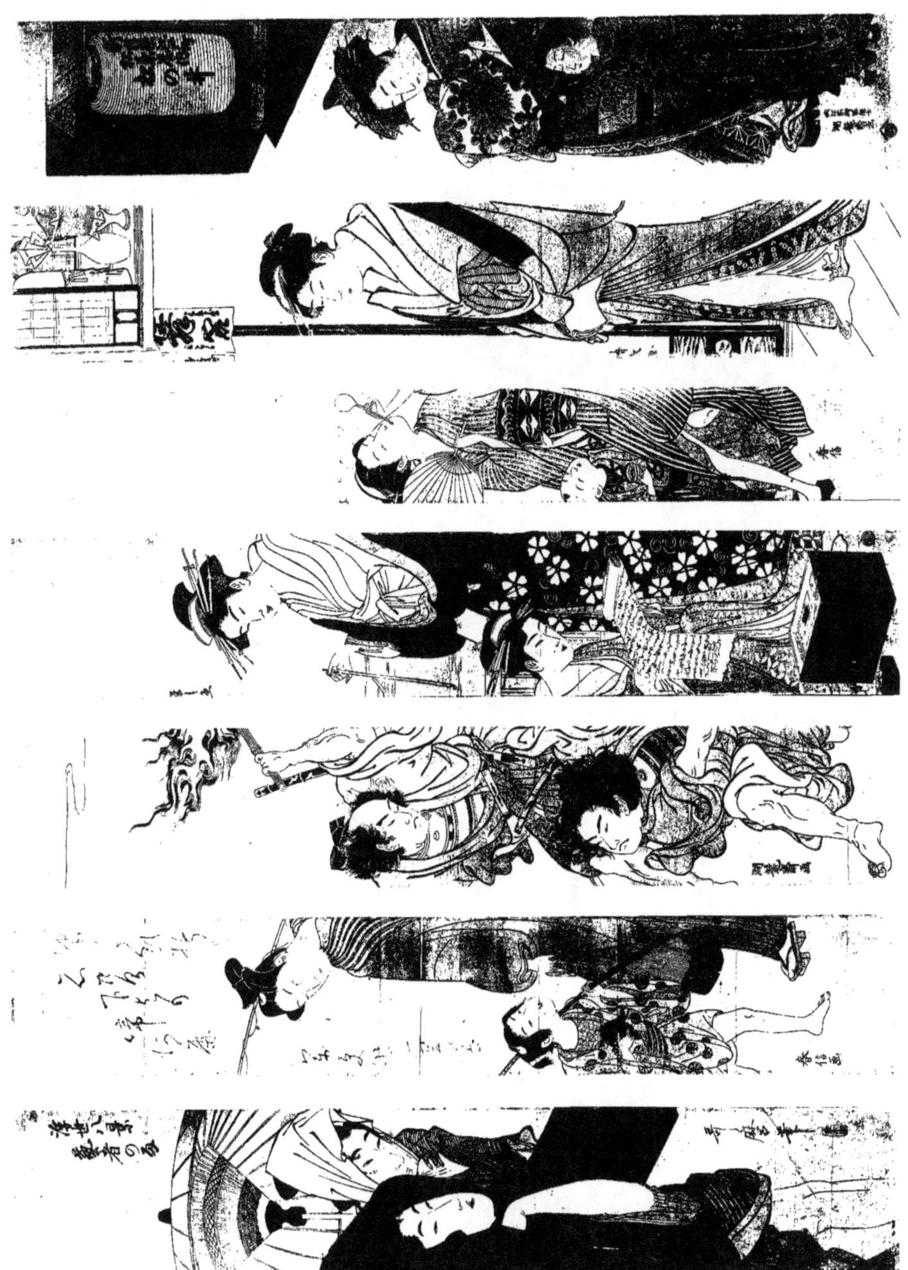

293. — "Naga-yé". Les frères So-ga à la recherche de l'ennemi de leur père. — Signé : Ko-riou-saï.

294. — — Deux jeunes femmes font de la musique sous un saule. — Idem.

295. — — Jongleur amusant des femmes du Yoshi-hara. — Idem.

296. — — Jeune femme à demi nue s'éventant, pendant qu'un chien joue à ses pieds. — Idem.

297. — — Une jeune femme regarde des volubilis à la porte de sa maison.   Idem.

298. — — Courtisane et sa "kamouro" en promenade. — La signature Ko-riou-saï est précédée de la mention : « Le samouraï retiré de Ya-ghën-bori à Yé-do ».

299. — — Une jeune femme rajuste la ceinture de sa compagne, qui vient de débarquer avec elle. — Signé : Ko-riou-saï.

300. — — Une jeune femme joue du " koto " auprès de son amoureux rêveur. — Idem.

301. — — Sept jeunes musiciennes dans un bateau fleuri. — Idem.

302. — — La barque des " sept dieux du bonheur ". — Idem.

303. — — Troupe de grues s'envolant auprès d'un pin. — Idem.

304. — — Bonze pèlerin en contemplation devant le mont Fouii. — Idem.

305. — — Les espions. Scène tirée des " Fidèles ro-nïn ". — Signé : Ko-riou.

306. — — Deux jeunes femmes regardent une petite cage dans laquelle sont enfermées des lucioles. — Idem.

307. — — L'indiscret. Scène des " Ro-nïn " traitée en " shoun-gwa " (dessin érotique). — Idem.

308. — Estampe en hauteur. Les sept dieux du bonheur. — Signé : Ko-riou-saï.

309. — Petite estampe étroite et haute. Une jeune "ghésha" se livre à une danse animée. — Idem.

310. — — Une jeune femme à demi dévêtue accroche sa moustiquaire, sur le bord de laquelle un chat joue à ses pieds. — Signé : Ko-riou.

311. — — Un guerrier, armé d'un arc et de flèches, reçoit son casque des mains d'une jeune femme agenouillée à ses pieds. — Idem.

311bis. — — Feuille décorée en blanc jaunâtre sur bleu. Elle nous montre un canard sauvage, tué par un faucon et tombant dans un ruisseau au pied d'un rosier fleuri et d'un arbre mort envahi par du lierre. Nous ne saurions décider si cette pièce, attribuée à Ko-riou-saï et que nous n'avons point osé décrire parmi les peintures, n'en est point une en réalité. Il nous a semblé que certain procédé de gaufrage gouaché pourrait bien n'être pas étranger à son exécution. Monté en panneau avec encadrement de vieilles soieries.
Haut. totale : 1"67 : larg. : 0"38.

KITA-Ô SHIGHÉ-MASA

1739-1820

Né à Yé-do, il se nommait personnellement Shighé-masa; il a porté les noms vulgaires de Kita-ô et de Sa-souké et les surnoms de Kwa-ran et de Ko-soui-saï. Il commença par être employé dans la maison du libraire Sou-hara Mo-hè-é, dont le magasin principal était à Kita-bataké[1] dans la province de Ki-shiou. Mo-hè-é avait pris

[1] D'après le livre B, Kita-bataké serait le nom de famille de l'artiste.

pour son nom propre ce nom de Kita-bataké et fut, dit-on, imité en cela par notre artiste. Shighé-masa entra, comme élève, chez Souzou-ki Harou-nobou et ne tarda pas à devenir un des artistes les plus célèbres de son époque, dessinant avec une égale habileté les sujets populaires, les guerriers, les fleurs, les oiseaux. Peintre distingué, auteur d'estampes remarquables, il était bon calligraphe aussi. Vers l'âge de vingt ans, il se mit à peindre des acteurs dans la manière des Tori-i. Depuis lors et jusqu'au temps de sa vieillesse, ce fut à Shighé-masa que vinrent s'adresser tous les libraires, éditeurs, marchands d'estampes et d'ouvrages sérieux ou frivoles de Yé-do; lui demandant d'écrire et d'illustrer les livres d'éducation domestique, de composer les modèles d'écriture et de correspondance, les "recueils de cent poètes choisis", &c., qu'ils comptaient publier[1]. Il n'y eut point à cette époque, dans les trois capitales (Kyo-to, Yé-do et O-saka), de pinceau plus habile dans l'exécution des dessins destinés à la gravure. Shighé-masa est mort le 10e mois de la 3e année de Boun-seï[2] (novembre 182), à l'âge de 81 ans.

312. Petite estampe en hauteur : Jeux d'enfants au seuil de la maison. L'un d'eux délaie de l'encre de Chine. — Signé : Kita-ô Shighé-masa.

313. "Naga-yé". Impression en plusieurs tons noirs seulement. Shô-ki en sentinelle. — Idem.

314. —— Carpe remontant une cascade. — Idem.

315. —— Hô-teï jouant avec un enfant. — Idem.

316. —— Ha-nia, au milieu d'une tempête, saisit un personnage par les cheveux. — Non signé.

KITA-Ô MASA-YOSHI
Mort en 1816

Né à Yé-do, Kouwa-gata[3] Masa-yoshi a porté le nom vulgaire de San-ji-rô et les surnoms de Keï-saï, San-ko et Sho-ko. Il apprit la peinture chez Kita-ô Shighé--masa[4] et prit à cette occasion le surnom de Kita-ô. Il étudia en outre la manière des Ka-no, la facture de Ko-rïn[5], celle de Ho-tchiou[6], et enfin certains procédés de Tani Boun-tcho[7]. Masa-yoshi s'est montré un peintre "vulgaire" très habile, et a créé un genre particulier appelé "ria-kou gwa shiki" (méthode de dessin abrégé, c.-à-d. : d'esquisses), genre qui devint très à la mode. Mais s'il excella dans les croquis de paysages, de personnages, de fleurs et d'oiseaux, la délicatesse de son pinceau n'en était pas moins fort remarquable; on connaît de lui des vues d'endroits célèbres, très finenent exécutées. Il

---

(1) L'imprimerie, à l'aide de caractères mobiles, n'existant pas alors au Japon, les éditeurs chargeaient des calligraphes (nous avons dit que Shighé-masa l'était) de copier les livres. Les feuilles remises par eux servaient à la gravure des planches de bois destinées à l'impression de l'ouvrage. Peut-être, d'ailleurs, Shighé-masa fut-il auteur, lui aussi, comme tant de peintres vulgaires et autres de son pays.

(2) Le 2e mois de la 2e année de Boun-seï (mars 1819), dit le livre B.

(3) el serait, suivant certains auteurs, le nom de famille du maître.
(4) Voir la biographie de ce peintre page 19.
(5) Voir la biographie de ce peintre Tome I, page 33.
(6) Ho-tchiou était un artiste de O-saka. Il acquit une certaine habileté dans la manière de peindre de Kô-rïn qu'il aimait fort, ainsi que dans la poésie "haï-kaï".
(7) Voir la biographie de ce peintre Tome I, page 55.

OUTA-GAVA TOYO-HAROU

N° 327

OUTA-GAVA TOYO-HAROU

N° 328

浮繪阿蘭陀國東都漆圖　哥ぺ　豊春画
水寿堂　西村屋藏

四十肴
浮繪　アルマニヤ珎樂拍熊之圖
永寿堂　西村屋

dessina surtout des estampes sur une seule feuille et traça, suivant un procédé de son invention, un plan de la capitale qui permet d'embrasser d'un coup d'œil tout l'ensemble de la ville [1]. Masa-yoshi a offert au temple de Kan-da un panneau représentant une carte de Yé-do, on peut le voir dans la salle où sont exposées les peintures. Dans les dernières années de sa vie, il fit paraître un grand nombre de modèles de dessin. C'est de cette publication que date la mode des estampes imprimées en " couleurs légères ". S'étant " rasé la tête ", Masa-yoshi prit le nom de Jo-shïn et se rangea parmi les sujets d'un seigneur de la province de Etchi-ʒën nommé Matsou-daïra. Il mourut le 21ᵉ jour du 3ᵉ mois de la 7ᵉ année de Boun-seï (avril 1824).

317. ❧ Une estampe en largeur : Geai perché sur un camélia fleuri. — Signé : Keï-saï. Le cachet porte : Masa--yoshi.

318. ❧ —— Même planche, dans un tirage de ton différent. — Idem.

319. ❧ —— Oiseau roux se disposant à quitter un cerisier en fleurs. — Idem.

320. ❧ Quatre estampes en largeur : Deux oiseaux à manteau noir sur un néflier du Japon. — Deux oiseaux à crêtes bleues et à longues queues sont posés côte à côte sur une branche de pin. — Deux oiselets gris et blanc sur une branchette d'érable. — Un petit oiseau descend vers des pivoines fleuries. — Idem.

321. ❧ Trois estampes en largeur : Petit oiseau verdâtre posé sur un fruit de lotus parmi des iris et d'autres plantes aquatiques. — Deux cailles auprès d'un ruisseau. — Couple de faisans argentés. — Idem.

322. ❧ Une grande estampe en largeur, dont le sujet est tiré de l'histoire des quarante-sept " ro-nïn ". Cortège de nobles passants devant une salle du palais, où les dames de la cour admirent un arbuste fleuri. " Ouki-yé". — Signé : Kita-ô Masa-yoshi.

323. ❧ Estampe en hauteur : Guerrier chinois des âges anciens chevauchant par pays. — Signé : Kita-ô Masa-yoshi.

324. ❧ Estampe en hauteur : Yoshi-tsouné et ses compagnons chez les diables-bandits de O-yama. La tête tranchée du chef des brigands retombe sur les héros. — Idem.

325. ❧ —— Taï-ra Tada-mori et " aboura boʒou " (le bonʒe de l'huile). Vieille légende du XIIᵉ siècle. — Non signé.

OUTA-GAVA TOYO-HAROU

1733-1813

OUTA-GAVA TOYO-HAROU naquit à Yé-do. Ses noms vulgaires étaient Taji--ma-ya, Sho-ʒabou-ro, Outa-gava [2] Toyo-harou et son surnom Itchi-riou-saï. Il apprit le dessin chez Nishi-moura Shighé-naga, se distingua surtout dans la peinture vulgaire, qu'il pratiqua avec une extrême habileté et devint un coloriste remarquable. Il représenta les coutumes populaires à la mode de son temps et fonda une école parti-

---

(1) Plutôt une vue panoramique.

(2) D'après le livre B, Outa-gava, devenu le nom de l'école, était le nom personnel du maître.

culière. Du temps qu'il habitait le quartier de Shi-ba à Yé-do, il décora des affiches de théâtre, dans lesquelles figuraient des personnages en relief. Ce fut dans la suite d'affiches peintes par lui à différentes époques, pour le théâtre To-sa Youï-ki-ʒa, qu'il fit apprécier la finesse de son coloris et l'originalité de son pinceau. Vers le "nĕn-go" Kwan-seï (1789-1800), il fut employé à la réparation du temple Ni-ko-ʒan (à Ni-ko), comme chef des ouvriers. « A Yanaghi-shima, raconte l'écrivain Ghek-kin-shi, sur un panneau de l'une des salles du temple Shioun-keï, sont mentionnées soixante et onʒe peintures de Toyo-harou. Il y est dit que Toyo-nobou a collaboré à ce travail en qualité d'aide peintre. » Toyo-harou a donné beaucoup d'estampes en largeur et a fait les meilleurs dessins du genre "ouki-yé" [1] qui aient été exécutés vers l'époque de Ho-réki (1751-1763); mais il n'a illustré que très peu de livres vulgaires. Les productions de son pinceau ont été fort à la mode, depuis le "nĕn-go" An-yeï jusqu'au "nĕn-go" Boun-ka (1772-1804). Toyo-harou est mort la dixième année de Boun-ka (1813), à l'âge de 80 ans. On a élevé à sa mémoire, dans le temple Shioun-keï à Woshi-aghé, un monument sur lequel on peut encore lire l'inscription suivante: « Outa-gava Toyo-harou, âgé de 80 ans. "Nĕn-go" Boun-ka, onʒième année (1814 — date de l'érection du monument —). » Puis les noms : « Outa-gava Toyo-harou II, Outa-gava Sho-tokou, Outa-gava Myo-ka, Outa--gava Hajimé, O-no Nori-youki, Outa-gava Toyo-hidé, Outa-gava Toyo-kouni [2]. » Vient ensuite une poésie (dont voici à peu près le sens) : « Celui qui se repose ici, chargé de gloire, entend la voix de Bouddha dans sa demeure sacrée. »

326. ❧ Très grande estampe en largeur. Ouki-yé. La fameuse chasse du mont Fouji. — Signé : Outa-gava Toyo--harou.

327. ❧ Estampe en largeur. Ouki-yé. Paysage hollandais représentant un château entouré de douves au milieu d'un parc. — Signé : Toyo-harou.

328. ❧ —— Interprétation d'une gravure européenne, d'après un tableau de l'école allemande (ainsi que le dit une inscription latérale) représentant le festin de Balthaʒar. — Cette estampe non signée (la place de la signature est restée blanche) sort de chez Yeï-jiou-do, l'éditeur habituel de Toyo-harou. Elle est tirée dans des tons harmonieux, parmi lesquels domine le rouge feu.

329. ❧ La même estampe tirée dans des couleurs différentes et non moins harmonieuses. — Idem.

330. ❧ —— Abords d'un temple baignant dans la mer. — Signé : Toyo-harou.

331. ❧ —— Confluent de deux canaux. — Idem.

(1) " Ouki-yé ", qu'il ne faut pas confondre avec " ouki-yo-é ", signifie : peinture flottante, remuante. C'est une peinture qui a perdu quelques-unes des conventions admises précédemment au Japon, qui se rapproche davantage de l'aspect sous lequel les peintres européens ont l'habitude de rendre la nature et le mouvement de la vie. Les artistes japonais, qui ont peint l' " ouki-yé ", semblent s'être assimilé notre esthétique. Il n'en a pas toujours été ainsi pourtant ; mais nous possédons plusieurs pièces, de Toyo-harou précisément, qui sont d'évidentes copies de peintures ou de gravures hollandaises (nous en reproduisons quelques-unes). Une note du livre C constate cette préoccupation, chez le maître dont nous parlons, dans les termes suivants : « Ce que l'on nomme " ouki-yé ", c'est la peinture hollandaise, appelée vulgairement " aboura-yé " (peinture à l'huile). Toyo--harou a imité ce genre de peinture. Dans ses estampes en largeur, il a fait des paysages " à perspective étendue ". » Et le livre C ajoute : « On peut dire que Toyo--harou est "l'ancêtre" de la peinture à l'huile au Japon (c'est-à-dire : des estampes ou des dessins faits suivant l'esthétique, la vision, le rendu européens dans la peinture) ». Toyo-harou ne fut point, d'ailleurs, le seul artiste considéré par ses compatriotes comme "l'ancêtre de l'ouki-yé ". Nous possédons une estampe très intéressante, représentant une salle bondée de spectateurs, à droite de laquelle on lit l'inscription suivante : « Dessin du grand théâtre de musique de Yé-do." L'ancêtre de l'ouki-yé " Katsou-kava Shoun-ro. » Nous savons que ce surnom est celui qu'avait pris Hokou-saï, lorsqu'il était élève de Katsou-kava Shoun-sho. Cette belle estampe offre une particularité curieuse : elle a été éditée par Yeï-jiou-do Nishi--moura-ya, l'éditeur des œuvres de Toyo-harou.

(2) Parmi les nombreux élèves de Toyo-harou, on distingue encore : Toyo--hisa, Toyo-marou, Youki-maro (qui, ayant cessé de peindre, se fit auteur et acquit une grande réputation), Yoshi-maro (appelé d'abord O-gava, puis Outa-gava et, plus tard, Kita-ô Shigé-masa), Hidé-maro, Outa-maro II' (qui s'appelait Koï--gava Shoun-tcho, faisait de bonne peinture, avait pris ce nom de Outa-maro II' à la suite de son mariage avec la veuve de Outa-maro I et vivait à une époque comprenant la période qui va de Boun-kwa à Tĕn-po — 1804-1830 —), etc. Beaucoup d'entre eux jouirent d'une grande notoriété. Il a existé un autre artiste du nom de Toyo-harou au commencement de Boun-seï (1818).

TEI-SAI HOKOU-BA

N° 690 D

TEI-SAI HOKOU-BA

N° 690 E

TEI-SAI HOKOU-BA

N° 690 F

OUTA-GAVA TOYO-HIRO

N° 335

332. Estampe en largeur. Pont sur la Soumi-da un soir de fête. — Signé : Toyo-harou.

333. Estampe en largeur. Momotaro dans le palais des diables-bandits de O-yama. — Idem.

OUTA-GAVA TOYO-HIRO
Commencement du XIXᵉ Siècle

Né à Yé-do, il a porté le nom de Oka-jima To-ji-ro et le surnom de Itchi-riou--saï. Il se fit appeler Outa-gava Toyo-hiro lorsqu'il fut devenu l'élève de Outa--gava Toyo-harou [1]. Il est indiscutable qu'il a étudié aussi les écoles de Ka-no et de To-sa et l'on retrouve dans ses œuvres quelque chose de la manière de Ses-shiou [2] et des maîtres chinois de l'époque des Min. Toyo-harou devint un peintre très habile et fonda une école particulière. Son talent a été en vogue depuis la fin de Kwan-seï (1800) jusque vers la onzième année de Boun-seï (1828). Il a publié des dessins à l'encre exécutés d'un pinceau rapide et des petites estampes destinées à être collées sur les murs ou les cloisons de papier [3]; nous savons qu'il n'a jamais fait de portraits d'acteurs. Ce fut lui qui le premier donna des illustrations pour un livre du genre "Kousa-zo-shi" [4], composé exclusivement du récit d'une vengeance. Cet ouvrage, dont le texte était écrit par Nan-sën-sho, est devenu fort à la mode. Son "idée de pinceau" était admirable, sa facture puissante, son coloris merveilleux; aucun peintre ne pouvait le surpasser. Il est impossible d'énumérer un par un les livres illustrés par lui. On raconte qu'il aimait beaucoup chanter la chanson vulgaire appelé "ghi-da-you" en s'accompagnant du "shamisën" et qu'il le faisait avec un art parfait. Toyo-hiro eut de nombreux élèves, parmi lesquels nous distinguons : Outa--gava Toyo-hiro II, Hiro-masa, Hiro-shighé, Hiro-tsouné, un autre Hiro-masa, etc. Il vivait encore dans les années de Tën-po (1830-1843).

334. "Naga-yé". Faucon perché sur le tronc d'un vieux prunier fleuri. — Signé : Toyo-hiro.

335. Triptyque : Sur la terrasse d'une maison de thé baignant dans la mer, un jeune homme fait bombance avec des "ghé-sha". — Ce triptyque, signé Toyo-hiro, fait partie d'une suite de douze compositions exécutées par Toyo-kouni et Toyo-hiro, pour illustrer les douze mois de l'année. Le charmant tableau que nous avons sous les yeux symbolise le sixième mois (juillet).

336. Petit format carré. Tête de jeune femme. — Signé : Toyo-hiro.

337. Estampe en hauteur. Branche de pivoine élégamment disposée dans un vase en vannerie. — Idem.

---

(1) Voir sa biographie, page 21.
(2) Voir la notice qui lui est consacrée, vol. I, page 3.
(3) Au Japon on en colle sur les murs, sur les "sho-dji" (cloisons mobiles, manœuvrées dans des glissières, qui servent à séparer les pièces d'un appartement), sur les paravents, etc.

(4) "Kousa-zo-shi" signifie : cahier d'herbes. C'est un nom adopté pour un genre de livres vulgaires illustrés, publiés principalement à l'usage des enfants.

OUTA-GAVA TOYO-KOUNI I
1768-1825

A Yanaghi-shima [1], dans l'enceinte du temple Mio-kën-do, un monument a été élevé à Toyo-kouni par la reconnaissance de ses élèves et nommé par eux : "Monument des pinceaux de Toyo-kouni". L'inscription suivante est gravée sur la pierre [2] : « Le vrai nom de famille de Itchi-yo-saï Outa-gava Toyo-kouni était Koura-hashi. Vers le temps du "nën-go" Ho-réki (1751-1763), son père, appelé Goro-bè-é, habitait à Yé-do le quartier de Shiba [3], près du temple shintoïste Shïn-meï-gou, y exerçant la profession de sculpteur de poupées en bois, dans un atelier qu'il avait ouvert et où il dirigeait ce travail d'artiste. C'était lui qui avait fait autrefois la statue du célèbre acteur Ishi-kava Hakou-yën et cette œuvre lui avait valu la réputation d'un très habile homme. Au commencement de Meï-wa (1764-1771), l'enfant qui fut plus tard Toyo-kouni naissait en ce lieu et recevait le nom de Kouma-kitchi. Son tempérament l'entraînant vers la peinture, il entra chez Outa-gava Toyo-harou [4] qui lui enseigna l'"ouki-yo-é"; en conséquence de quoi, il prit le nom de "famille" de Outa-gava [5]. Doué d'une intelligence géniale, Toyo-kouni avait acquis à l'âge viril une habileté extraordinaire dans l'art de peindre la classe spéciale des acteurs. Il dessinait ceux-ci avec un esprit si fin, leur donnait un mouvement si vivant que ses portraits semblaient avoir une âme. Il composait aussi pour les livres des illustrations en couleurs [6] représentant ses jolies contemporaines dans des poses délicieuses. Ces livres conquirent la mode dans plusieurs provinces [7]; les Chinois, les Barbares eux-mêmes (les Occidentaux) recherchaient ses œuvres originales. Il en résulta que le surnom de Itchi-yo-saï s'éleva comme le soleil et que le nom de Toyo-kouni s'avança seul dans ce temps-là [8]; car son genre de peinture lui était personnel. Les gens distingués des plus hautes classes voulaient l'avoir pour maître; et il donnait gratuitement ses leçons à ses élèves dont plusieurs sont devenus des artistes de talent. Itchi-yo-saï a été véritablement le premier des peintres vulgaires de l'école moderne. Il est malheureu-

---

(1) Yanaghi-shima (l'île du saule) est le nom d'un endroit de Yé-do.

(2) Nous avons cru bien faire, suivant en cela l'exemple du livre A, en donnant uniquement, dans ce texte, l'inscription mémoriale de Toyo-kouni I". dont nous avons serré le texte original d'aussi près qu'il nous a été possible de le faire. Nous avons renvoyé aux notes tous les détails qu'elle a omis, mais qu'ont rapportés le livre B et surtout le livre C. Il nous a semblé intéressant de présenter ainsi au lecteur un exemple des biographies lapidaires japonaises.

(3) Dans la rue appelée Mi-shima tcho.

(4) Voir l'article consacré à ce peintre, page 21.

(5) Le livre C nous dit : « D'abord élève de Toyo-harou, il étudia plus tard la manière de Hana-bousa It-tcho, dont il prisait fort le talent, et s'attacha particulièrement à suivre "l'idée de pinceau" de l'école de Ka-no (un "shi-shi" et un aigle de mer de notre collection prouvent clairement qu'il s'était bien assimilé la manière de cette grande école classique). Pour la peinture vulgaire, il se forma dans l'étude de Kiou-tokou-saï Ghiokou-zan (peintre de O-saka). Enfin il en vint à fonder une école particulière. « Nombreux furent ses élèves ; on peut consulter à ce sujet le premier tableau synoptique.

(6) Ce fut lui, nous apprend le livre C, qui inaugura les estampes imprimées en gris et violet seulement.

(7) Le livre B dit que : « Plusieurs centaines d'ouvrages vulgaires et de "livres de lecture" illustrés par lui sont encore goûtés du public actuellement. » A propos de ses illustrations le livre C raconte que « Toyo-kouni a dessiné, pour l'introduction de l'ouvrage intitulé : Soui Bo-daï (mot à mot : les galantes déesses), une planche représentant une courtisane. Lorsqu'on tourne la page, on voit apparaître, sur celle qui la suit immédiatement, un squelette que le maître a reproduit d'après le "kaï-taï shïn-sho" (nouveau traité d'anatomie). Toyo-kouni a certes eu raison de copier un squelette dans cet ouvrage ; mais toutefois il s'est trompé de modèle, car il a dessiné l'ossature d'un enfant nouveau-né, ce qui rend la chose ridicule. »

(8) D'après B et C, il fut le rival de Toyo-hiro dans la faveur de ses contemporains.

TEI-SAI HOKOU-BA

N° 690 A

TEI-SAI HOKOU-BA

N° 690 B

TEI-SAI HOKOU-BA

N° 690 C

OUTA-GAVA TOYO-KOUNI

N° 360

sement mort à 57 ans [1], le 7ᵉ jour du 1ᵉʳ mois de la 8ᵉ année de Boun-seï (février 1825).
Il a été enterré dans le temple Ko-oun-ʒën ji, à l'endroit qu'on appelle Mita hijiri ʒaka.
Son nom posthume est : Jitsou-saï Reï-go. Ses enfants et ses élèves se sont entendus avec
le Toyo-kouni actuel (Kouni-sada) pour lui élever ce monument, sous lequel ils ont enfermé
une centaine de dessins laissés par le feu maître [2]. Ses amis ont voulu contribuer à
l'hommage et m'ont fait demander par Sakoura-gava Jo-shi, l'un d'entre eux, un mot con-
cernant le défunt. J'avais été aussi l'ami de Itchi-yo-saï et ne pouvais donc refuser de
satisfaire à leur désir; c'est pourquoi j'ai écrit cette épitaphe. Fait l'onzième année de
Boun-saï (1827), à la mi-automne. Kyo-ka-do Yo-mo Ma-gava, auteur de l'épitaphe;
Kou-bo Seï-ri, graveur; San-to-an Sho-sha Kyo-ʒan, calligraphe. »

338. Quatre petites estampes en hauteur représentant des jeunes femmes sous des cerisiers fleuris : L'une
porte sur l'épaule un bâton, à chaque extrémité duquel est suspendu un petit simulacre de construction. — Une autre, coiffée de blanc, cause avec une compagne à la coiffure ornée de petits éventails. — Une jeune femme, ceinte de rouge sur un
" kimono " brun clair, tient de la main droite un éventail fermé et porte la gauche devant son visage. — La dernière enfin, portant une robe brun clair et une ceinture jaune, tient un éventail de la main droite et se retourne d'un mouvement
gracieux. — Signé : Toyo-kouni.

339. " Hoso-yé " : Kora no souké (le chef fidèle des quarante-sept " ro-nin "), tenant un éventail rouge devant le
bas de son visage, regarde une jeune femme agenouillée à ses pieds. Derrière eux, un luxueux " tsoui-taté " (écran) décoré
de pins au bord de la mer. — Idem.

340. —— Un acteur, jouant un rôle féminin, fait des gestes gracieux de chatte. — Idem.

341. Deux " hoso-yé " : Acteur dans le rôle d'une musicienne, près de la porte d'un temple; deux oiseaux se
poursuivent au-dessus de sa tête. — Homme vêtu de noir. La neige tombe. — Idem.

342. —— Jeune femme, au " kimono " gris rayé, doublé de bleu et assujetti par une ceinture noire. — Seigneur richement vêtu de noir, dont le sabre porte au pommeau une tête de coq. — Idem.

343. —— Acteur, dans un rôle féminin, portant une ceinture jaune décorée de larges feuilles vertes et tenant
de la main droite un éventail. — Autre, jouant un seigneur; il s'appuie sur un pieu au haut duquel on voit un caractère
découpé et un cadenas. — Idem.

344. Petite estampe en hauteur : Par une nuit sombre et une pluie battante, une jeune femme s'avance sur
le quai d'un port, dans lequel des barques sont à l'ancre, et s'abrite tant bien que mal sous son parapluie, en s'appuyant
sur l'épaule d'un serviteur qui porte une grande caisse noire. — Idem.

345. —— Sur une terrasse, au bord de la mer que sillonnent des barques, un jeune homme se divertit avec
deux " gué-sha ". Un vol d'oies traverse l'espace. — Idem.

346. " Naga-yé " : Un homme, fumant assis, se retourne pour parler à une femme debout derrière son banc. —
Idem.

347. —— Sous un balcon, à la balustrade duquel est appuyée une jeune femme, un homme debout lit une
longue lettre, en même temps qu'une autre femme accroupie à ses pieds. — Idem.

348. Deux feuilles d'une affiche de théâtre représentant, sous trois " mons " et deux étages de caractères, une
foule grouillante d'acteurs. — Non signé.

349. Estampe en hauteur représentant un " kakémono " sur lequel est imprimé entièrement en rouge Sho-ki
corrigeant un diable. Ce dernier personnage est colorié en vert et jaune. — Signé : Toyo-kouni.

---

(1) Le livre B lui donne, par erreur, 53 ans à l'époque de sa mort.
(2) Le livre C dit : « Après la mort de Toyo-kouni ses amis ont
édité des dessins de lui, accompagnés d'une poésie qui aurait été faite
par lui à ses derniers moments. En réalité cette poésie, du genre " hai-
-kaï " n'est pas de lui. En voici d'ailleurs à peu près le sens :

Ombre indécise d'être humain,
N'est-ce pas trace de fusain ?

350. ❧ Deux estampes en hauteur : Un aigle de mer posé sur un rocher au milieu des flots agités. — Un " shi-shi " vert tenant dans sa gueule une pivoine rose. (Ces deux estampes rappellent beaucoup le style de Ka-no qu'avait étu-dié Toyo-kouni, tout en faisant de l' " ouki-yo-é ".) — Signé : Toyo-kouni.

351. ❧ Estampe en hauteur : Un galant " samouraï " élève dans ses bras une jeune femme, pour lui permettre d'attacher un " outa " (poésie) à la branche d'un cerisier fleuri. — Idem.

352. ❧ —— Deux jeunes femmes, les jupes retroussées et les manches relevées, lavent du linge dans un courant. — Idem.

353. ❧ —— Deux courtisanes, accompagnées de " kamouro ", se promènent dans un jardin au temps que les cerisiers fleurissent. — Idem.

354. ❧ —— Sur une terrasse, d'où l'on voit un fleuve et des gens qui passent un pont, une jeune femme, portant une bouilloire, fait des recommandations à sa compagne. — Idem.

355. ❧ Trois estampes, en hauteur : Scènes théâtrales : Un " samouraï " se dispose à couper la tête d'un homme qui a les bras derrière le dos. Un homme demi nu prend à bras-le-corps un furieux armé d'un sabre. — Un homme demi nu se précipite vers un autre, placé devant lui, qui se dispose au combat. — Idem.

356. ❧ Deux estampes en hauteur représentant des portraits d'acteurs, à la grandeur naturelle : Homme au front ceint d'une étroite bandelette et au vêtement de dessus décoré de roseaux en fleurs. — Homme au " kimono " vert et à la tête coiffée d'un linge noué sous le menton. — Idem.

357. ❧ Pentaptyque : Un feu d'artifice sur la Soumi-da (à Yé-do). Le fleuve aux rives pittoresques est sillonné de barques nombreuses, enguirlandées de lanternes et bondées de gens en fête. On rit, on cause, on fait beaucoup de musique. Les quais aussi regorgent de monde et le pont semble devoir crouler sous la foule excessive des spectateurs. Dans le ciel constellé éclate une fusée. — Idem.

358. ❧ Triptyque : Dans une barque à la proue ornée d'un superbe dragon vert et dont la voile porte le signe de la félicité sans fin, les sept dieux du bonheur, sous les traits d'acteurs contemporains de l'artiste, traversent une mer agitée. La grue et la tortue les accompagnent, l'une volant, l'autre nageant. — Idem.

359. ❧ —— Intérieur d'une salle de théâtre. Les spectateurs fourmillent à toutes les places et présentent les attitudes les plus diversement animées. Sur la scène on joue un drame émouvant. — Idem.

360. ❧ —— Terrasse d'une " tcha-ya " (maison de thé) au bord d'un cours d'eau. Groupe de gracieuses jeunes femmes délicieusement vêtues, mangeant, riant, causant, lisant ou regardant le magnifique spectacle de la rive opposée et des barques qui sillonnent le fleuve. — Idem.

361. ❧ Diptyque : Sur la terrasse d'une maison, d'où la vue est réjouie par une rivière aux bords verdoyants, se tiennent quatre gracieuses courtisanes dans des toilettes exquises et des poses charmantes. L'une regarde un petit " hi--batchi " que lui tend une de ses compagnes agenouillée; une troisième les contemple, accoudée sur un écran décoré de chrysanthèmes; la dernière lit attentivement une lettre. — Idem.

362. ❧ —— Sur des eaux agitées s'avance un bac portant un « daï-myo » et son cortège. On voit des groupes de " samouraï " veillant sur son " nori-mono " (palanquin), son cheval, ses armes et ses bagages. — Idem.

363. ❧ Deux estampes en largeur : Une flottille de barques sillonne une rivière, au bord de laquelle circulent de nombreux promeneurs, devant l'enclos d'un temple shintoïste. — Vue d'un port. Des barques sont à l'ancre, des canots vont et viennent. Sur les quais, dans les rues, des gens se rendent à leurs affaires; le cortège d'un seigneur s'avance. Partout des arbres parmi les maisons. Au loin une chaîne de montagnes. — Idem.

364. ❧ Estampe en largeur, " ouki-yé " : Promenade nocturne au Yoshi-hara. La grande porte est large ouverte. Dans la grande rue, grouille une foule de courtisanes et d'hommes de tous états. — Idem.

365. ❧ —— Nous sommes près du mont Fouji, la nuit, par une pluie cinglante, dans le camp de Yori-tomo. Des hommes d'armes arrêtent difficilement les frères So-ga venus pour venger leur père. — Idem.

366. ❧ —— " Ouki-yé ". Auprès d'une pierre portant un Bouddha sculpté, un homme tend une coquille d' " awa-bi " à un renard qui va lui verser à boire. — Idem.

366bis. ❧ Estampes en largeur : Série de onze planches représentant des scènes de l'histoire des " ro-nin ". — Idem.

367. ❧ —— Autre série de six planches en largeur dont le sujet est tiré du même drame. — Idem.

KATSOU-KAVA SHOUN-KO

N° 562

KATSOU-KAVA SHOUN-KO

N° 562

OUTA-GAVA TOYO-KOUNI I'

N° 359

368. ❧ Huit petites estampes carrées représentant chacune un portrait d'acteur. — Idem.

368bis. ❧ Grand " souri-mono " : Trois plants de chrysanthèmes; l'un jaune, l'autre blanc et le troisième à petites fleurs rouges. Deux papillons folâtrent à l'entour. — Signé : Itchi-yo-saï Toyo-kouni.

OUTA-GAVA KOUNI-MASA
Fin du XVIIIᵉ Siècle

OUTA-GAVA KOUNI-MASA, nommé vulgairement Jïn-souké et surnommé Itchi-jiou-saï, était natif d'un endroit appelé Somé-do à Aï-dzou, dans la province de O-shiou. Il vint à Yé-do, où il commença par exercer le métier de teinturier; mais il avait le goût du théâtre et la fâcheuse habitude de courir à la comédie, dès qu'il pouvait se procurer un instant de liberté. A la suite de relations que son métier de teinturier lui avait données avec Koura-hashi Toyo-kouni, il devint l'élève de ce maître, puis celui de Kouni-yoshi et travailla uniquement à dessiner des acteurs, dont il parvint à reproduire les traits avec une extrême habileté. Du temps qu'il était l'élève préféré de Toyo-kouni, il peignit l'acteur Naga-yama Tomi-zabou-ro, surnommé Kouni-ya Tomi. Ses portraits semblaient vivants; en les regardant, on croyait avoir les personnes elles-mêmes devant les yeux. A cette époque la mode voulait qu'on décorât les écrans à main de bustes d'acteurs. Pour satisfaire à cet engoûment, les marchands d'éventails en gros demandaient aux artistes des dessins qu'ils faisaient ensuite graver sur bois; Kouni-masa tira de beaux bénéfices des commandes qui lui échurent. C'est que Toyo-kouni lui-même était inférieur à Kouni-masa dans le rendu des figures d'acteurs; en ce genre particulier, on eût dit que l'élève était le maître. Il publia encore beaucoup d'estampes, ne représentant toutes que des gens de théâtre. Kouni-masa ne s'est guère livré à l'art classique, dans lequel il se sentait fort maladroit. Il cessa de peindre au bout de trois ou quatre ans, n'ayant jamais illustré ni un ouvrage vulgaire ni un livre de lecture; il se mit alors à sculpter et à vendre des masques pour les acteurs. On sait que Kouni-masa vivait dans les années de Kwan-seï (1789-1800). Il a existé plus tard un Kouni-masa II; mais on ignore qui était cet artiste, dont on ne connaît point d'estampe.

369. ❧ Écran : Au-dessous d'un cerisier fleuri, auprès duquel est suspendue une cloche, se tiennent trois acteurs, celui du milieu dans un rôle de femme. — Signé : Kouni-masa.

370. ❧ Deux écrans : Un homme s'escrime du sabre au milieu des rochers. — Un homme, à la robe rouge rayée de jaune, louche désespérément. — Idem.

371. ❧ Deux écrans : Homme tenant un écran derrière une moustiquaire. — Six portraits d'acteurs : trois en femmes et trois en hommes. — Idem.

372. ❧ Deux écrans : Un vieillard s'apprête à frapper du sabre un homme armé qui invective une femme. — Un homme portant une bannière entre une femme et un vieillard. — Idem.

OUTA-GAVA KOUNI-YOSHI

1797-1861

Kouni-yoshi, nommé vulgairement l-gousa Mago-zabou-ro ou Ta-rô Sa-yé-mon, naquit à Yé-do, le 15ᵉ jour du 11ᵉ mois de la 9ᵉ année de Kwan-seï (décembre 1797). Il commença par être apprenti teinturier et se montra habile dessinateur pour tissus. Mais, épris de la peinture vulgaire, il devint l'élève de Toyo-kouni Iᵉʳ [1]; puis entra comme pensionnaire chez Kouni-nao [2], dont il suivit " l'idée de pinceau " dans le dessin des plantes, arbres, &c., qu'il exécuta à cette époque. Ce fut sans doute l'estime en laquelle il tenait la manière de Hokou-saï qui poussa Kouni-yoshi à étudier sous la direction de Kouni-nao; celui-ci professant une grande admiration pour l'œuvre du maître de Katsou--shika. Dans la suite, Kouni-yoshi travailla aussi d'après l'esthétique et la facture hollandaises. Entre temps il apprenait à graver les planches de bois destinées à l'impression. Vers les années de Boun-ka (1804-1817), il composa des illustrations pour un livre intitulé : " Moura-saki sara shi " (teinture violette). Le travail était mauvais et fut jugé tel; si bien que Kouni-yoshi, ne recevant plus de commandes pour la gravure, était alors inconnu du public. Mais, au commencement de Boun-séï (1818), Kin-sho-do Adzouma-ya Daï-souké, marchand de livres en gros de Ba-kouro tcho, à Yé-do, édita une suite de trois estampes, formant une seule composition, qui représentait le fantôme de Taï-ra no Tomo-mori. La même année, parut un autre ensemble de trois estampes montrant la cataracte Ryo-bën à O-yama. Ces deux compositions, dont Kouni-yoshi était l'auteur, lui valurent d'unanimes suffrages. Peu après, Kava-goutchi Sho-zo et Kava-goutchi Tcho-zo, marchands d'estampes en gros demeurant, le premier au quartier de Ghïn-za, le second dans celui de Ni-hon bashi, lui commandaient, faisaient graver et imprimaient des portraits d'acteurs qui n'obtinrent pas un grand succès à cette époque, parce que Toyo-kouni et Kouni-sada vivaient encore. Pourtant Kouni-yoshi se distingua non moins que Toyo-kouni dans l'illustration des estampes, dont il avait même (comme nous l'avons vu) appris à graver les bois. Personne ne pouvait rivaliser avec lui dans la représentation des chefs intrépides, des vaillants soldats et des combats sanglants. A la fin de Boun-seï (1829), il donna à la gravure cinq planches représentant chacune un des cent huit héros de Soui-kô-den [3]. Il était alors fort en vogue et continua la suite complète des cent huit personnages [4].

---

(1) Voir sa biographie, page 24.

(2) OUTA-GAVA KOUNI-NAO, nommé personnellement Taï-zo, surnommé Ouki-yo-an et Riou-yën-rô, était né dans la province de Shina-no. Il vint demeurer à Yé-do et s'y livra d'abord à l'étude des vieux maîtres chinois; puis il fut élève de Toyo-kouni Iᵉʳ et étudia avec passion la manière de Hokou-saï. A partir de la fin de Boun-ka (1817), il donna des illustrations pour les livres vulgaires et des estampes en grand nombre; si bien qu'il fut comparé à Kouni-sada. On ignore la date de sa mort; on sait cependant qu'il vivait encore durant le " nën-go " Ten-po (1830-1843).

(3) " Soui-kô-den " est un grand roman chinois traduit en japonais par Ba-kin. Cette suite d'estampes a été publiée par la maison Ka-ga-ya Kitchi-é-mon, située dans Yoné-zava-tcho, au quartier Rio-gokou, à Yé-do.

(4) On raconte que Kouni-yoshi avait pris l'habitude d'écrire, sur chacune de ses estampes illustrant " Soui-kô-den " : « Un des 108 personnages héroïques ».

HOKOU-JIOU

N° 669

KOUNI-YOSHI

N° 378

一勇斎
國芳筆
佐州塚原雪中

鞍掛
三子を伴ひ
常盤住せん
漂みぅん

Depuis lors, chaque année, il publia des estampes et des livres illustrés. Ce fut à dater de Tën-po (1830-1843) que ses contemporains le goûtèrent hautement et qu'il fut considéré comme un des maîtres marquants de l'art vulgaire [1]. Dans le " nën-go " Ka-yeï (1848-1853), il dessina les portraits des courtisanes célèbres de To-to [2]. Les acheteurs se disputèrent ses œuvres et sa réputation s'en augmenta encore. La peinture de Kouni-yoshi rompait avec les règles établies par les anciens; c'était une création nouvelle et singulière. Tout ce qu'il dessinait était frappé au coin de l'originalité. Il fonda une école particulière pour le dessin de fantaisie, après avoir étudié la manière de Kiou-to-kou-saï Shoun-yeï [3]. " Au soir de son âge ", il vint demeurer à Mouko-jima, devant le temple Oushi--no-go-zën. On voit encore dans ce temple un monument élevé à sa mémoire. Kouni-yoshi mourut le 4ᵉ jour du 3ᵉ mois de la 1ʳᵉ année de Man-yën (avril 1860), selon les uns; selon d'autres, ce fut le 4ᵉ jour du 3ᵉ mois de la 1ʳᵉ année de Boun-kiou (avril 1861), à l'âge de 65 ans. Il a été inhumé au cimetière du temple Taï-sën ji appartenant au schisme bouddhique de Nitchi-rën et situé dans Shïn-déra matchi, à Yé-do.

373. ❧ Grand " sourimono " représentant les attributs de la fête " Tan-go " (voir le numéro 195 des peintures). Grande carpe flottant au vent et bannière décorée d'un Sho-ki peint en rouge. — Signé : Itchi-you-saï Kouni-yoshi.

374. ❧ Format " kakémono " : Enfants faisant, en vue du mont Fouji, l'exercice des pompiers. L'un d'eux est monté au sommet d'une échelle de bambou, comme pour découvrir un incendie; les autres maintiennent l'échelle. — Idem.

375. ❧ Trois feuilles en hauteur représentant des bustes de personnages dont les têtes et les mains sont formées par la juxtaposition de plusieurs corps humains nus ou habillés. — Idem.

376. ❧ Une estampe en hauteur : Dragons dans les flots tumultueux. — Idem.

377. ❧ —— Caricatures d'acteurs " dessinées sur les murs par des gens sans honte " (de leur ignorance du dessin probablement). — Idem.

378. ❧ Une estampe en largeur : Pêcheurs d'anguilles au bord d'une rivière. — Idem.

379. ❧ —— La rue montante à Yé-do. — Idem.

380. ❧ Quatre feuilles, en largeur, illustrant la vie du bonze Nitchi-rën.
A. — Le bonze Nitchi-rën montant la falaise sous la neige. — Idem.
B. — Le bonze et ses compagnons, en barque, voient une inscription miraculeuse apparaître dans les flots soulevés par la tempête. — Idem.
C. — Deux pêcheurs prient dans leur barque arrêtée près d'un rocher, en apercevant sur la rive le saint homme en méditation. — Idem.
D. — Nitchi-rën empêche, par sa prière, une roche détachée de la montagne d'écraser un guerrier et son serviteur. La pierre demeure suspendue en l'air. — Idem.

381. ❧ Cinq estampes en hauteur tirées des " cent poètes, avec une poésie sur chaque planche ".
A. — Vue d'un village, l'automne, par clair de lune, avec un halo superbe. Au premier plan, deux hommes portent un " nori-mono ". La poésie dit que l'âme est plus triste en automne. — Idem.
B. — Les gardiens d'un palais brûlent des fagots pour s'éclairer et se chauffer. — Idem.
C. — Dji-to Ten-no (l'Impératrice Dji-to — la doyenne des illustres poètes japonais —) regarde de son palais des paysans qui moissonnent. La poésie plaint ce travail pénible. — Idem.

Durant qu'il travaillait à cet ouvrage, il dessina un jour le couvercle de la marmite " Iakou-to Iën-ho kana-yé "; d'un pinceau distrait, il y mit la même inscription et la donna à graver parmi ses autres estampes ; de sorte que, son travail fini, il se trouva avoir numéroté 169 personnages, grâce à la marmite que, par inadvertance, il avait comptée pour un héros.

(1) Voir la longue liste de ses élèves dans notre premier tableau synoptique.
(2) Autre manière de désigner Yé-do.
(3) Voir plus loin sa biographie.

D. — Des voyageurs contemplent une petite cascade dont le bas se perd dans la brume. De même, dit la poésie, que le ruisseau grossissant devient torrent, ainsi l'amour s'accroît et devient si fort qu'on n'hésite point à se tuer s'il est contrarié. — Idem.

E. — Pêcheur sous un abri élevé sur pilotis dans la rivière Ou-dji, fort brumeuse d'ordinaire. Rien n'est plus pittoresque, selon la poésie, que de voir cette hutte apparaître et disparaître successivement dans le brouillard. — Idem.

382. ❧ Douze petites feuilles en hauteur, formant la série intitulée : " baké-mono tchiou shïn goura " (miroir des fidèles vassaux les — " ro-nïn " — représentés en spectres). — Les planches 1, 6 et 12 sont signées : Itchi-you-saï Kouni--yoshi.

383. ❧ Deux estampes étroites et hautes : Un des frères So-ga sur un cheval qui se cabre. — Un philosophe, qui a prêché contre l'orgueil, donne une preuve d'humilité grande en passant, sur les genoux et les mains, entre les jambes d'une troupe de pauvres hères (vieille légende chinoise). — Idem.

KAVA-NABÉ KYO-SAÏ [1]

1831-1889

384. ❧ Estampe en hauteur : Corbeau aux aguets, — Signé : Kyô-saï.

385. ❧ Lanterne à ombres chinoises montrant les sept dieux du bonheur se livrant à une danse échevelée. — En haut est le nom de Kyô-saï. En bas, sur un cachet, on lit : Sho-jo.

386. ❧ Estampe en largeur : Deux " ghésha ". — Signé : Kava-nabé Kyô-saï.

387. ❧ Estampe carrée : Une courtisane, sa " kamouro " et deux " samouraï ". — Signé : Kyô-saï.

OUTA-GAVA KOUNI-SADA [2]

1786-1865

388. ❧ Huit petites estampes carrées représentant toute la généalogie des Dan-djou-ro, les célèbres acteurs, depuis " l'ancêtre " jusqu'à celui qui récemment vient de mourir à plus de quatre-vingts ans. — Signé : Toyo-kouni. Sur la dernière, l'artiste a ajouté : deuxième du nom.

389. ❧ Trois estampes en hauteur représentant, petite nature, chacune un portrait d'acteur; l'un dans un rôle de femme, les deux autres dans des rôles d'hommes. Fond micacé. — Signé : Go-to-teï Kouni-sada.

390. ❧ Trois " sourimono ", formant triptyque et représentant deux " samouraï ", se battant la nuit sous une averse; une femme portant une lanterne se jette entre eux. — Idem.

391. ❧ Deux petits " sourimono " ornés de poésies et de danseurs de " no ". — Signé : Kouni-sada.

392. ❧ Cinq " sourimono " : Dames de la cour jouant au "go " (sorte de jeu de dames). — Portrait d'acteur représentant Bèn-kei. — Guerrier sur un toit par un orage épouvantable. — Danseuse de la cour tenant un éventail. — Danseuse portant la tête d'un démon. — Idem.

393. ❧ Onze estampes en largeur : " tchiou-shin goura " (miroir des fidèles sujets). — Signé : Outa-gava Kouni-sada.

KIKOU-GAVA YEÏ-ZAN

XVIIIe et XIXe Siècles

KIKOU-GAVA YEÏ-ZAN, né à Yé-do, portait le nom personnel de Toshi-nobou et le surnom de Tcho-kiou-saï; vulgairement il s'appelait Ban-go-ro. Élève de son père Yeï-ji [1] et de son ami Iwa-koubo Hok'keï [2], il devint fort habile. Les liens d'amitié qu'il avait, depuis son enfance, formés avec Hok'keï le poussèrent à imiter sa manière et à suivre le " courant de peinture " de Hokou-saï [3]. Après la mort de Outa-maro l'ancien [4], Yeï-zan s'assimila le dessin de ce maître, ouvrit une école particulière et fit paraître dans cette manière des estampes, représentant de jolies femmes, qui furent très goûtées du public et l'ont fait considérer comme l'un des restaurateurs de ce genre d'estampes. Il n'a point illustré de romans; on n'a de lui que quatre ou cinq volumes fantaisistes. Il partagea la faveur de ses contemporains avec Toyo-kouni Ier [5] et Shoun-sën [6], tous deux très en vogue à cette époque. Yeï-zan commença à dessiner des portraits d'acteurs vers la troisième ou la quatrième année de Boun-ka (1806 ou 1807). Cette même année, le marchand d'écrans en gros de la rue Hori-yé ne voulut pas commander à Toyo-kouni les dessins qui devaient servir à la décoration de sa marchandise et toute celle qu'il mit en vente ne portait que des figures d'acteurs dues au pinceau de Yeï-zan. Néanmoins ces deux maîtres étaient liés d'une amitié solide dont on pourrait citer plus d'une preuve. Sur la couverture d'un livre illustré relatif aux gens de théâtre, Yeï-zan dessina le portrait de Itchi-yo-saï [7]. Toyo-kouni, de son côté, collabora à des ouvrages de Yeï-zan. Lorsqu'ils étaient mandés dans le palais d'un " daï-myo ", ils y allaient toujours ensemble. Depuis le " nën-go " Boun-seï (1829), Yeï-zan n'a plus guère composé de dessins pour la gravure.

394. ❧ Grande estampe étroite et haute : Sur un pin tourmenté, dont la cime est nimbée du soleil couchant, un faucon se tient droit dans une noble pose. — Signé : Kikou-gava Yeï-zan.

395. ❧ Estampe en largeur : Deux pivoines, l'une rose et l'autre blanche, largement épanouies. — Signé : Yeï-zan.

396. ❧ —— Sur une même tige ont fleuri deux variétés de chrysanthèmes : l'une rouge uni, l'autre aux pétales bordés de blanc. Une troisième variété plus petite, rouge et jaune, vient mêler ses fleurs aux deux premières. Un papillon voltige tout auprès. — Idem.

(1) YEÏ-JI était élève de l'école de Ka-no; on dit que son maître se nommait Adzouma-ya. Il fut le premier " peintre vulgaire " de sa famille (par conséquent le fondateur de l'école de Kikou-gava); il n'a pas donné d'estampes. On sait qu'il a fabriqué des fleurs artificielles, sous le nom de O-mi-ya.

(2) IWA-KOUBO HOK'-KEÏ, élève de Hokou-ba, ne doit pas être confondu avec Ouwo-ya Hok'keï qui fut élève de Katsou-shika Hokou-saï.

(3) TEÏ-SAÏ-HOKOU-BA, qui fut un des meilleurs élèves de Hokou-saï, suivit rigoureusement la manière de son maître et l'enseigna à son tour à son élève Iwa-koubo Hok'keï. Il est très naturel de penser que Yeï-zan a pu recevoir de ce dernier le principe du fondateur de l'école, si fidèlement suivi par tous ses élèves.

(4) Ainsi désigné par le livre C, pour qu'on ne le confonde pas avec Outa-maro II.

(5) Voir la notice consacrée à cet artiste, page 24.

(6) Voir plus loin la biographie de Shoun-sën.

(7) Itchi-yo-saï, on s'en souvient, est un des noms de Toyo-kouni Ier.

KEÏ-SAÏ YEÏ-SËN

1791-1848

Il était né à Yé-do. Le vrai nom de sa famille, qui descendait des Foudji-hara, était Iké-da. Il s'appelait personnellement Yoshi-nobou ou, selon d'autres, Shighé-yoshi; il a porté d'abord le nom vulgaire de Zĕn-ji-ro, puis celui de Sato-souké et les surnoms de Keï-saï, Ip-pitsou-an, Kokou-shioun-ro, Hokou-go, Mou-meï-wo, &c. Tant que vécurent ses parents, il demeura auprès d'eux. A six ans, il perdit sa mère; son père se remaria. Il se montra d'un grand dévouement envers les nouveaux époux, qui étaient fort pauvres et moururent tous deux au commencement de Boun-ka (1804-1817), lui laissant trois petites sœurs à nourrir. Il se mit en tête de devenir fonctionnaire, espérant une brillante carrière officielle; mais la calomnie l'empêcha de réaliser ce rêve. Il se fit alors " ro-nïn ", changea la direction de sa vie et se jeta dans la peinture vulgaire, ayant appris le dessin de Ka-no Hakou-keï-saï [1]. Un moment, il entra comme élève chez l'auteur dramatique Shino-da Kïn-ji Ier [2] et donna des pièces de théâtre sous le nom de Tchi-yo--da Go-heï. Puis il se remit à l'" ouki-yo-é " et alla demeurer dans la maison du peintre Kikou-gava Yeï-ji avec lequel il prit ses repas. Il suivit aussi l'école de To-sa et alla ensuite voyager pendant trois ou quatre ans dans les provinces voisines de Yé-do; après quoi, il rentra dans cette ville. Il étudia les œuvres des artistes chinois de l'époque des So et des Mïn, qu'il admirait beaucoup, s'assimila les principes du vieil Hokou-saï et fonda une école particulière. Liseur infatigable, il en oubliait parfois de dormir durant des nuits entières; ou bien il s'amusait à écrire des ouvrages frivoles et des livres " vulgaires ". Suivant la mode de son temps, Yeï-sën a dessiné beaucoup de jolies femmes. Il a fait les portraits des courtisanes du Yoshi-hara, peignant très exactement les habitudes particulières à chaque maison; représentant les femmes telles qu'elles étaient, sans l'allure théâtrale qu'on leur avait donnée jusqu'alors. Il a été imité en cela depuis par Kouni-sada. Yeï-sën a fait aussi des " shoun-gwa ". Jamais il ne soigna sa réputation; il acceptait toutes les commandes, travaillant une fois plus vite que tout autre, et décorait des cerfs-volants, des raquettes de bois et des bannières en couleurs. Il a illustré de nombreux ouvrages et c'est lui qui a inauguré les paysages imprimés en bleu seulement. Très indépendant, il disparaissait souvent, partant sans prévenir personne, et on finissait,

(1) Le père de Yeï-sën se nommait Iké-da Yoshi-harou. Il avait été élève de Kouhan-zan Fou-ghën-an, maître en écriture, et était devenu lui-même un calligraphe distingué. Grand liseur, il se complaisait dans la poésie " haï-kaï " et la fréquentation des " réunions de thé. "
(2) KA-NO HAKOU-KEI est dit-on le nom de peintre pris par un "daï-myo" appelé Aka-saka, élève de Ka-no Yeï-sën. Il est possible de voir là un motif ayant déterminé l'artiste qui nous occupe à choisir le nom qu'il a rendu célèbre.

Il pourrait bien se faire aussi qu'il n'eût fait que modifier le nom d'un de ses autres maîtres : Yeï-zan. « Celui-ci fut mandé un jour, dit le livre A, par le seigneur de Hi-zën, qui le pria d'exécuter un travail avec tous ses élèves. Le jeune peintre Yoshi-nobou, qui en faisait alors partie et travaillait comme tel à la commande, présenta un dessin signé : Yeï-sën, nom qu'il prenait pour la première fois et qu'il garda depuis.

ITCHI-RIOU-SAI HIRO-SHIGHÉ

N° 420

ITCHI-RIOU-SAI HIRO-SHIGHÉ

N° 421

ITCHI-RIOU-SAI HIRO-SHIGHÉ

N° 419

ITCHI-RIOU-SAI HIRO-SHIGHÉ

N° 422

ITCHI-RIOU-SAI HIRO-SHIGHÉ

N° 423

ITCHI-RIOU-SAI HIKO-SHIGHÉ

N° 418

après de longues recherches, par le retrouver ivre-mort au Yoshi-hara. Un soir, chaussé pour une promenade dans le voisinage, il prit un bateau en service de nuit et alla jusqu'à Ki-sara-ʒou, dans la province de Hadʒou-sa. Ses débauches ne le firent jamais haïr de personne. Malgré son inconduite, il n'emprunta jamais d'argent ni à sa famille ni à ses amis; se contentant de dépenser largement celui que lui avait gagné son travail. Il se maria et n'eut point d'enfant; alors il adopta une jeune fille. A dater de cette époque, il rentra dans la bonne voie et exécuta une quantité de dessins en vue de la gravure; travaillant activement jour et nuit, sans prendre le temps de dormir. Vers le " nën-go " Tën-po (1830-1843), Yeï-sën cessa de peindre : « Après l'élévation vient la décadence, disait-il à ce propos; il vaut mieux se moquer des autres qu'être raillé par eux. » Et il refusa toutes les commandes. Il mourut dans l'automne de la première année de Ka-yeï (1848), à l'âge de 57 ans.

397. ❧ Grande estampe en hauteur, de format " kakémono " étroit : Carpe remontant une cascade. — Signé : Keï-saï. Grand cachet : Yeï-sën. Haut. : 0ᵐ72; larg. : 0ᵐ24.

398. ❧ Deux estampes en hauteur imprimées en bleu : Faucon posé sur un vieux pin courbé au-dessus d'une cascade. — Troupe de grues parmi de jeunes pins. — Signé : Yeï-sën.

399. ❧ Cinq estampes en hauteur représentant des cascades. — Signé : Keï-saï Yeï-sën.

400. ❧ Une estampe en largeur : Paysage par un temps de neige. Étang d'Oué-no. Temple construit sur un îlot relié à la terre. — Idem.

401. ❧ Une estampe étroite et haute : Faucon sur un pin neigeux. — Signé : Keï-saï.

402. ❧ —— Iris en fleur. — Non signé.

403. ❧ Bande étroite en hauteur : Oiselet sur une branche retombante de camélia fleuri. — Idem.

404. ❧ —— Même estampe, dans un état différent. — Idem.

405. ❧ Trois bandes étroites en hauteur : Jeune femme appuyée à un châssis. — Paysan attendant le bateau du passeur. — Daï-kokou soufflant des perles de bonheur à la façon des bulles de savon. — Signé : Ik-kiou.

406. ❧ Deux petites feuilles en largeur : Vol d'oies. — Signé : Keï-saï. — Fleur de cucurbitacée et libellule. — Signé : Keï-ri (?).

407. ❧ Deux petites estampes en hauteur : Vol de papillons. — Tiges feuillues portant des baies. — Signé : Ip-pitsou. Cachet : Ip-pitsou-an.

408. ❧ —— Sauterelle sur une plante. — Personnage rêvant. — Signé : Keï-ri (?). Cachets : Yeï-sën.

409. ❧ Deux petites feuilles carrées : Tige de camélia. — Oiselet sur une branche de prunier fleuri. — La première porte sur le cachet : Ip-pitsou-an. Sur le cachet de la seconde on lit : Keï-saï.

410. ❧ Petite estampe carrée : Paysage. Au premier plan, des pins au bord de l'eau. — Signé : Keï-saï.

411. ❧ Trois " sourimono " : Grand écran représentant une jeune femme sous un prunier à fleurs roses; par devant, un oiseau au bord d'une cage ouverte. — Signé : Keï-saï Yeï-sën. — Sortie nocturne. — Idem. — Deux jeunes femmes causent sous un arbre fleuri. — Signé : Ip-pitsou-an Yeï-sën.

HIRO-SHIGHÉ [1]

1792-1858

412. Triptyque : Vue de Kana-zava au clair de lune. — Signé : Hiro-shighé (ainsi que toutes les pièces suivantes).

413. —— Les tourbillons de Narou-to, dans la mer intérieure.

414. —— Les montagnes de Ki-so, enfouies sous une neige épaisse, baignent dans les eaux bleues d'un torrent alimenté par une cascade.

415. —— Vue de la Soumi-da dans un faubourg de Yé-do.

416. Triptyque (en largeur). Devant le mont Fouji, passe le cortège d'un daï-myo sur une route poudreuse. Tous les personnages sont représentés par des enfants.

417. Estampe étroite en hauteur : Deux canards nagent dans un courant auprès d'un roseau.

418. —— Moineau volant auprès d'un tronc de bambou feuillu à sa partie supérieure.

419. —— Au clair de lune, un couple d'hirondelles volette parmi les branches d'un arbre fleuri.

420. —— Petit oiseau accroché à une branche de camélia.

421. —— Par un temps de neige, deux moineaux se poursuivent autour d'un arbuste en fleurs.

422. —— Carpe remontant une cascade.

423. —— Oiseau chantant, perché sur une branche de néflier du Japon. Imppression en réserve blanche dans un fond bleu.

424. Deux estampes étroites en hauteur : Faisan posé sur un rocher ajouré et fleuri de chrysanthèmes. — Perroquet perché sur un arbuste en fleurs.

425. —— Cane et canard nageant auprès d'une touffe de fleurs. Faisan sur un rocher fleuri de chrysanthèmes.

426. —— Singe savant attaché à un support, auprès d'un cerisier fleuri. — Deux chevaux dans un courant, au pied d'un saule.

427. —— Oiselet volant vers un bambou feuillu. — Petit oiseau vert sur une branche de kaki.

428. —— Cailles auprès d'une tige de pavot. — Cinq moineaux se poursuivent près d'un cerisier garni de fruits.

429. —— Trois moineaux jouent parmi des pavots. — Oiseau perché sur un hibiscus.

430. Quatre estampes étroites en hauteur : Coucou passant devant la lune. — Aigle sur un perchoir et moineau. — Petit oiseau sur un chrysanthème. — Grue auprès de deux tiges fleuries.

431. —— Martin-pêcheur sur un rocher au milieu des roseaux. — Coq sur une barrière près d'un camélia fleuri. — Oiseau brun sur un cerisier en fleurs. — Martin-pêcheur quittant la tige d'un iris.

432. —— Oiseau à longue queue sur la branche retombante d'un arbre tout fleuri. — Oiselet suspendu à une glycine. — Moineau agrippé à une branche d'arbre en fleurs. — Oisillon jaune sur une glycine.

433. —— Oiseau blanc et brun perché sur une plante grimpante en fleurs. — Oiseau perché sur une glycine. — Martin-pêcheur descendant vers une touffe d'iris. — Martin-pêcheur se posant sur un hortensia fleuri.

434. Trois estampes étroites en hauteur : Martin-pêcheur. — Paon. — Canards mandarins.

435. —— Fleurs : Camélia sous la neige. — Prunier à fleurs roses. — Volubilis.

[1] Voir la biographie de Hiro-shighé, tome I, page 65.

ITCHI-RIOU-SAI HIRO-SHIGHÉ

N° 416

ITCHI-RIOU-SAI HIRO-SHIGHÉ

N° 413

436. ❧ Deux estampes étroites en hauteur : La pêche aux flambeaux. — Au soleil couchant, des barques se dirigent vers une balise.

437. ❧ Six estampes étroites en hauteur, vues de Yé-do : " Ni-hon bashi ". — La Soumi-da par la neige. — Bateaux à l'ancre au clair de lune.— Temple et parc de Oué-no par la neige. —Lisière d'un parc aux arbres fleuris.

438. ❧ Deux petites estampes en hauteur : Le dépiquage du riz. — Marchand de petits balais à "tcha-no-you ".

439. ❧ Trois petites estampes en hauteur : Diables mendiants " Otsou-yé ". — Piège dressé par le renard. —Hô-teï en visite chez le blaireau.

440. ❧ Deux petites estampes : Deux moineaux se poursuivent vers une touffe de liserons bleus. — Oisillon se précipitant vers une araignée.

441. ❧ Trois petites estampes en hauteur : Oiselet vert sur un prunier à fleurs roses. — Deux moineaux sur une glycine. — Oiseau à longue queue sur une clématite.

442. ❧ Quatre petites estampes en hauteur : Martin-pêcheur sur un arbre fleuri. — Oisillon sur un cerisier en fleurs. — Deux hirondelles passent au-dessus d'un lys rouge. — Oiseau bleu sur une large fleur.

443. ❧ Deux petites bandes : Oisillon sur une branche de cerisier à fleurs doubles. — Oiselet perché sur une glycine.

444. ❧ Deux petites feuilles carrées (en camaïeu bleu) : Moineau et bambou. — Bouvreuil et cerisier fleuri.

445. ❧ Trois bandes portant des paysages : Pont entre deux rochers boisés; temps de neige. — Érables à l'automne, sur un rocher à pic baignant dans l'eau. — Rochers abrupts au bord d'une rivière.

446. ❧ Grand format " kakémono ". Le prince Nari-hira chevauchant, en vue du mont Fouji, accompagné de deux serviteurs.

447. ❧ —— Faucon perché sur le tronc d'un pin, par un temps de neige.

448. ❧ —— Grue debout sur le tronc d'un pin, masquant à demi le disque du soleil.

449. ❧ —— Faucon sur le tronc d'un pin, au soleil couchant.

450. ❧ —— Faucon perché sur une branche de pin. Sa tête se détache sur le disque rouge du soleil.

451. ❧ —— Grue s'approchant de son nid placé sur une branche de pin.

452. ❧ Vingt estampes en largeur : série des poissons.

453. ❧ Six planches de la même série.

454. ❧ Deux petites estampes en largeur : Poisson et coquillage.

455. ❧ Deux petites estampes en hauteur : Poissons et coquillages. — Fleurs dans un vase.

456. ❧ Quatre petites estampes en hauteur : Oiseaux parmi des fleurs.

457. ❧ —— Oiseaux et fleurs.

458. ❧ Sept petites estampes en largeur : Vues du mont Fouji.

459. ❧ Huit petites estampes en largeur : Vues de Yé-do en forme d'éventail. L'encadrement de ces éventails simule les murailles de la ville.

460. ❧ Deux toutes petites estampes en largeur : Barque à la voile ornée d'un " mon ", sur un lac bordé de montagnes. — Vue d'un pont appuyé à un îlot. On aperçoit le mont Fouji au fond.

461. ❧ Deux petites estampes en hauteur : Clair de lune sur un temple bâti parmi des roches abruptes baignant dans un lac. — Montagnes neigeuses au bord de l'eau.

462. ❧ Huit petites estampes en largeur : Vues de la province de O-mi, dessinées dans des encadrements en forme d'éventail.

463. Petite bande en hauteur : Le diable en prière. (Otsou-yé).

464. Deux toutes petites estampes en hauteur : Femme ouvrant son parapluie sous la neige. — Ustensiles de " tcha-no-you ".

465. Deux très petites estampes en largeur : Lever de lune sur la digue. — Effet de soir dans une baie.

466. Trois petites estampes en largeur ; vue des beaux sites de Yé-do : Le pont Rio-gokou. — La colline Go-tën-yama. — L'îlot de Tsoukou-da.

467. Cinq planches en largeur ; histoire de Yoshi-tsouné : — A. Lutte avec Bën-kei sur le pont. — B. La traversée de l'abîme. — C. La mère de Yori-tomo et de Yoshi-tsouné fuyant avec ses enfants par la neige. — D. La descente vertigineuse. — E. La bataille au clair de lune sur les marches du temple.

468. Estampe en hauteur : Tronc et branche d'un pin dont le reste se perd dans les nuages.

469. Six feuilles en largeur ; vues de Yé-do : Ni-hon bashi sous la pluie. — Entrée du yoshi-hara, par un clair de lune au temps des cerisiers fleuris. — Temple et parc de Shiba en été. — Le temple des cinq cents " rakans " en automne par un coucher de soleil. — Le quartier de Shiba sous la neige. — Les bords de la Soumi-da par la neige.

470. Deux estampes en largeur ; jolis endroits de Yé-do : — Vue de Oué-no en automne. — Feu d'artifice au pont Rio-gokou, sur la Soumi-da.

471. Deux estampes étroites en hauteur : Coq auprès d'un parapluie entouré de volubilis. — Moineaux et camélias par la neige.

472. Six estampes en hauteur, faisant partie du " mei-sho Yé-do hiak'kei ". (Cent vues de beaux endroits de Yé-do, — en réalité, il y en a cent dix-huit. —)
A. — L'assemblée des renards la nuit sous les arbres de O-ji ;
B. — Même estampe dans un tirage un peu différent de couleur ;
C. — Une rue au clair de lune. Les ombres des monuments et des personnages sur le sol sont rendues très exactement ;
D. — Le pont Kyo-bashi éclairé par la lune ;
E. — Le chemin qui mène au Yoshi-hara ;
F. — L'entrée du Yoshi-hara par une belle nuit.

473. Seize estampes en largeur du " tchiou shïn goura " (miroir des fidèles sujets).

474. Six pièces de la même série.

475. Huit estampes en largeur : " O-mi hak'heï " (les huit vues de la province de O-mi).

476. —— La même suite, dans un état différent.

477. Cinquante-cinq planches en largeur : To-kaï-do go djou san tsoughi (cinquante-trois stations sur la route de la mer de l'est). — Il y a cinquante-cinq estampes, comme on sait, au lieu de cinquante-trois, parce que les deux extrémités de la route, Yé-do et Kyo-to, sont représentées dans la série. —

478. Cinquante-cinq estampes en hauteur : Les cinquante-trois stations du To-kaï-do.

479. Onze planches en hauteur faisant partie de la série intitulée : Vues d'endroits célèbres situés dans plus de soixante provinces.

480. Cinquante-cinq estampes en largeur faisant partie d'une série des " cinquante-trois stations du To-kaï-do " différente de celle qui a été précédemment notée.

KATSOU-KAVA SHOUN-SHO

N° 490

KATSOU-KAVA SHOUN-SHO

N° 484

KATSOU-KAVA SHOUN-SHO

N° 488

でにしさゝ
さまひな
里捨ぐ
栄摘唄
里紅
春章画
勝川春章画

HANA-BOUSA IT-CHO I[1]

1652-1724

481. ✿ Dix-huit planches en largeur d'une série intitulée : " It-tcho kyo gwa shiou (recueil de dessins fantaisistes de It-
-tcho). — Non signés.

A. — Embarquement, dans un bac, d'un " samouraï " avec ses serviteurs et ses chevaux.

B. — Bac, rempli de voyageurs, passant auprès d'un saule.

C. — Un enfant, monté sur un buffle, passe un gué, croisant un bac chargé de monde.

D. — Rokou ka-sën (les six poètes célèbres).

E. — Le " shi-shi " (amusement populaire). Des danseurs et des musiciens entourent le monstre factice.

F. — Les quatre héros écrasent l'araignée géante.

G. — Intérieur d'une salle de spectacle populaire, pendant une représentation.

H. — Une tcha-ya (maison de thé) au bord de la mer.

I. — Une dame, ses deux servantes et son chat se livrent au sommeil.

J. — Un établissement de bain bien achalandé.

K. — Cheval furieux d'être attelé à une voiture à bras chargée de sacs de riz.

L. — Montreurs de singes devant une maison; des enfants les poursuivent gaîment.

M. — Dans une maison de thé, construite sur pilotis au bord de la mer, des gens se distraient avec des musiciens
et des danseuses.

N. — Autre scène dans une "tcha-ya" construite sur l'eau.

O. — Un montreur de marionnettes frappe sur son tambour pour appeler les clients.

P. — Halte de bateleurs; exercices d'équilibre.

Q. — Éléphant tombé au milieu d'une troupe d'aveugles.

R. — Trois des sept dieux du bonheur, Yébisou, Foukou-rokou et Daï-kokou, regardant un " makimono ".

SOU-GAKOU-DO[2]

XIXᵉ Siècle

481ᵇⁱˢ. ✿ Quarante-huit estampes en hauteur représentant des fleurs et des oiseaux. — Signé : Sou-gakou-do.

481ᵗᵉʳ. ✿ Six planches de la même série. — Idem.

---

(1) Voir sa biographie tome I, page 68.
(2) Nos ouvrages ne nous renseignent point sur cet artiste. Nous avons lieu toutefois de penser qu'il appartenait à la famille de Ko Sou-kokou, peintre mort en 1804.

KATSOU-KAVA SHOUN-SHO[1]

XVIIIᵉ Siècle

482. ❧ "Naga-yé" : Un guerrier bande son arc, pour frapper un but placé sur une barque à distance. C'est l'épisode final de la guerre des Taï-ra et des Minamoto. — Signé : Katsou-kava Shoun-sho.

483. ❧ —— (imprimé en noir micacé). Sho-ki en sentinelle. — Idem.

484. ❧ Estampe de grand format étroit en hauteur : Une femme, la tête couverte d'un voile noir transparent, se promène en s'éventant. — Signé : Shoun-sho.

485. ❧ Pentaptyque en "hoso-yé" ; Cinq portraits d'acteurs : Un homme de peine, la tête couverte d'un bonnet, s'appuie sur le bâton aux deux extrémités duquel il porte ses paquets. — Jeune femme aux riches robes noire et blanche (la première décorée de cordons noués), attachées avec une ceinture verte ornée de larges pivoines. — Homme au manteau vert bordé de noir — Un prince, tenant un de ses sabres à la main, semble disposé à tirer l'autre; sa robe est richement brodée de dragons. — Homme au "kimono" noir, qu'il relève de la main droite; sa tête est ceinte d'une étoffe. — Signé : Shoun-sho.

486. ❧ —— Une jeune femme, au vêtement de dessus noir, tient une étoffe pliée sur le bras droit; sa coiffure est ornée de petits éventails. — Jeune femme, dont le bas de la robe est orné de dessins rappelant des écailles de poissons. — Homme portant un manteau blanc et fumant sa pipe; il est coiffé d'un bonnet noir. — Un homme également coiffé d'un bonnet noir et couvert d'un manteau blanc tient de la main gauche une bannière roulée dans son étui. — Un homme portant des costumes blanc et verdâtre richement décorés tient un éventail à la hauteur de son visage. — Idem.

486ᵇⁱˢ. ❧ —— Jeune courtisane vêtue d'un riche "kimono" décoré d'une mer de flots écumants et de petits oiseaux qui s'envolent. — "Samouraï" tenant un parapluie et abritant la précédente. — Jeune femme, à la robe décorée de feuilles d'éventails, tenant de la main gauche un linge posé sur son bras droit. — Porteur de chapelle bouddhique tenant à la main son bâton de voyage. — Un "samouraï", au manteau blanc décoré de fleurs et de fruits, tient un parapluie sur sa tête. — Idem.

487. ❧ "Hoso-yé" : Femme portant un panier sur la tête. — Idem.

488. ❧ —— "Kake-walk". — Idem.

489. ❧ —— Ho-teï brandissant un jouet d'enfant. — Idem.

490. ❧ —— Jeune femme, à demi dévêtue, tenant un linge dans sa bouche. — Idem.

491. ❧ —— Homme portant un manteau de paille par-dessus ses vêtements. — Idem.

492. ❧ —— Jeune femme fumant une pipette. Sa robe et sa ceinture sont décorées de pivoines et de chrysanthèmes. — Idem.

493. ❧ —— Un homme à manteau blanc, monté sur un radeau, passe auprès d'un saule. — Idem.

494. ❧ —— Guerrier soulevant une ancre. — Idem.

495. ❧ —— Guerrier sortant d'un tronc d'arbre. — Idem.

496. ❧ —— Jeune femme en cape noire, au bord d'un ruisseau. — Idem.

497. ❧ —— Jeune femme déroulant le portrait d'un guerrier en présence de celui-ci. — Idem. Cachet en forme de pot.

(1) Voir la biographie. Vol. 1, page 75.

KATSOU-KAVA SHOUN-SHO

N° 491

KATSOU-KAVA SHOUN-SHO

N° 506

KATSOU-KAVA SHOUN-SHO

N° 502

KATSOU-KAVA SHOUN-SHO

N° 493

KATSOU-KAVA SHOUN-SHO

N° 492

KATSOU-KAVA SHOUN-SHO

N° 509

KATSOU-KAVA SHOUN-ZAN

N° 591

KATSOU-KAVA SHOUN-SHO

N° 489

SHOUN-RO (HOKOU-SAI)

N° 612

KATSOU-KAVA SHOUN-SHO

N° 507

KATSOU-KAVA SHOUN-SHO

N° 504

KATSOU-KAVA SHOUN-SHO

N° 508

498. ❧ "Hoso-yé". Colporteur voyageant par la neige. — Signé : Shoun-sho.

499. ❧ —— Seigneur, au vêtement gris à dessins blancs, monté sur un cheval noir. — Idem.

500. ❧ —— Acteur en grand manteau rouge décoré de caractères blancs en guise de " mon ". Il porte une lanterne. — Idem.

501. ❧ —— Acteur, à la coiffure hérissée, tenant à la main une branche fleurie. — Idem.

502. ❧ —— Batelier, sur une plage, tenant son aviron. — Idem.

503. ❧ —— " Ro-nïn ", au vêtement blanc décoré de bambous noirs. Il tient à la main son grand chapeau. — Signé : Katsou-kava Shoun-sho.

504. ❧ —— Scène représentant le mari qui, par une nuit d'orage, tue sa femme jalouse. — Signé : Shoun-sho, au-dessus du cachet à forme de pot.

505. ❧ —— Guerrier au visage peint et le corps criblé de flèches. — Idem.

506. ❧ —— Une jeune femme richement vêtue, agenouillée sur un " phton " devant un paravent magnifiquement décoré, tient à la main une coupe de " saké ". — Signé : Shoun-sho.

507. ❧ —— Deux " samouraï " au visage peint, l'un debout, l'autre agenouillé, se préparent au combat. — Idem, avec le cachet en forme de pot.

508. ❧ —— Un " samouraï " à genoux a pris par le coude un autre " samouraï " debout qui tient un éventail. — Non signé; cachet au pot.

508bis. ❧ —— Acteur représentant un seigneur au riche costume rouge avec " bakama " (large pantalon) de même couleur. Il tient à la main un éventail. — Idem.

509. ❧ —— " Samouraï ", vêtu de gris et de blanc, s'escrimant du sabre. Derrière lui est un treillage de gros bambous. — Idem.

510. ❧ —— Acteur représentant sur un chariot un seigneur barbu qui tire la langue. — Signé : Shoun-sho.

511. ❧ —— Acteur tenant d'une main un miroir et de l'autre un éventail. — Idem, plus le cachet au pot.

512. ❧ Deux " hoso-yé " représentant chacun un " samouraï ". — Une de ces estampes (l'homme à la robe verte) n'est pas signée; l'autre non plus, mais elle porte le cachet au pot.

513. ❧ Diptyque en " hoso-yé " : Une femme tient à la main un bonnet laqué de rouge. — Un homme porte des bonnets laqués attachés à une branche fleurie. Derrière ces deux personnages court une frise représentant un vol d'oies. — Signé : Shoun-sho.

514. ❧ —— Un homme et sa femme viennent de couper du bois et de faire des fagots. — Idem.

515. ❧ —— Deux hommes, vêtus de blanc, s'apprêtent à se battre, la nuit, auprès d'une rizière. — Idem.

516. ❧ —— Homme tenant une bannière et portant un bonnet noir. — Femme à la robe décorée de plantes aquatiques. Ils se tiennent sous un érable rougi par l'automne. — Idem.

517. ❧ —— Sous un arbre fleuri et devant une barrière grillagée en bambou, un homme, la tête entourée d'un linge, et une femme se tiennent debout dans des vêtements décorés de fleurs. — Idem.

518. ❧ —— Sous une cloche décorée de rinceaux, une femme et un homme, richement vêtus, haut coiffés, portent des éventails en forme de feuille de jënko. — Idem.

519. ❧ —— Dans un paysage neigeux, deux hommes, à demi nus et portant sur leurs courts vêtements semblables le " mon " de Satzouma, se préparent au combat. — Idem.

520. ❧ Triptyque en " hoso-yé " : Devant une claie couverte de neige ainsi que tout le paysage, une femme est assise sur un fagot; tandis que deux hommes se tiennent debout portant, l'un un manteau de paille et l'autre un fagot sur le dos. Tous trois ont leur chapeau à la main. — Signé : Katsou-kava Shoun-sho.

521. Tryptique en " hoso-yé " : Devant un store relevé se tient un " samouraï ", un éventail à la main, entre deux courtisanes debout comme lui. Sur la robe de l'une est un semis de feuilles d'érable; le vêtement de l'autre est décoré d'un vol de papillons — Signé : Shoun-sho.

522. —— Devant une maison au toit en damier, sont debout une femme au " kimono " noir décoré de plantes aquatiques et deux hommes. L'un d'eux est vêtu d'un costume vert à "bakama", décoré de branches de pin en blanc; l'autre tient un éventail et une lettre et porte trois parapluies en " mon ". — Idem.

523. —— Un homme tient un présentoir, sur lequel est une lame de poignard dans un étui de bois; une femme, à ceinture noire et à tablier de paille, porte d'élégants seaux d'eau aux extrémités d'un bâton; un autre homme, vêtu de rouge profond et de noir, porte un rouleau de papier attaché à une tige de chrysanthème fleuri. — Idem.

524. Deux " hoso-yé " : Portraits d'acteurs sur des éventails. Rôle d'homme et rôle de femme. — Idem.

525. —— Portrait d'acteur au fond d'une grande coupe à " saké ". — Idem. — Quatre portraits d'acteurs sur des petits éventails. — Signé : Katsou-kava Shoun-sho, au-dessus du cachet au pot.

526. " Hoso-yé " : Un homme, au vêtement rouge quadrillé de jaune, tient de la main droite son sabre nu et, de la gauche, porte une coiffure enveloppée dans une étoffe. — Signé : Shoun-sho.

527. Estampe carrée : Un guerrier, le sabre au poing, passant dans un défilé, est surveillé par un ennemi en sentinelle sur la hauteur. — Signé : Katsou-kava Shoun-sho, sur le cachet en forme de pot.

528. Trois petites estampes en hauteur : Courtisane et ses deux " kamouro ". — Un " samouraï " à genoux présente un " maki-mono " à un seigneur en présence de deux dames. — Trois personnages : homme assis tenant un sabre; homme debout et femme agenouillée tenant chacun un éventail. — Signé : Shoun-sho.

529. Cinq petites estampes en hauteur : Une femme, après avoir frappé une fontaine de sa cuiller, voit la source jaillir et l'inonder d'une pluie d'or. — Danseuse de cour passant devant trois personnages dont un seigneur et une dame. — Un seigneur chevelu et barbu, à la figure peinte et au vêtement blanc, est monté sur une charrette, d'où il harangue trois " samouraï " debout ou assis au-dessous de lui. — Deux jeunes voyageuses passent en vue du mont Fouii. — Un " samouraï " policier et deux jeunes femmes dont l'une porte un singe. — Idem.

530. —— Quatre petites planches en hauteur, représentant chacune un dieu du bonheur accompagné d'une femme : Bên-tên et une jeune fumeuse, en vue du Fouji-yama. — Daï-kokou, sur un bœuf, est conduit par une jeune femme chargée de l'abreuver. — Bi-sha-mon et une courtisane boivent ensemble une énorme coupe de " saké ". — Djiou-ro--jin regarde une courtisane écrire le premier caractère de son nom. — Idem.

531. —— Vingt-trois petites planches en hauteur illustrant des scènes du " I-sé monogatari " (histoire de I-sé. — façon de désigner l'histoire des Minamoto —).

A. — Au bord d'un ruisseau une jeune femme semble effrayée.

B. — Jeune femme à robe rose et manteau blanc, dans une prairie auprès d'un arbre.

C. — Jeune femme sous un pin auprès d'un tori-i.

D. — Jeune dame, aux longs cheveux, ramassant des feuilles d'érable.

E. — Une servante apporte à une jeune femme, qui pétrit de la terre, de l'eau puisée au ruisseau voisin.

F. — Dame et seigneur. Au premier plan, un coq chante sur un toit.

G. — Enlèvement d'une femme noble par un jeune homme. Derrière eux, un ruisseau et un saule.

H. — Des hommes portant des torches cherchent deux amoureux réfugiés derrière un buisson fleuri.

I. — Deux dames se promènent dans un pré, où va les retrouver un jeune seigneur.

J. — Une dame et son enfant apparaissent dans l'encadrement d'une porte aux yeux d'un seigneur assis.

K. — Trois personnages, assis dans une pièce dont une ouverture laisse apercevoir un cerisier fleuri : un seigneur, une fillette et une dame qui se détourne tristement.

L. — Seigneur et enfant assis dans une salle de palais. Par-dessous un store relevé, on voit une dame dans la pièce voisine.

M. — Une jeune femme se présente sur sa terrasse, en entendant le pas d'un jeune seigneur derrière la clôture du jardin.

N. — Deux jeunes filles se précipitent vers un bassin clos d'une barrière, que surplombe un " kiri " (paulownia).

O. — Un jeune seigneur se promène, les pieds nus dans la neige, accompagné de deux serviteurs, dont l'un l'abrite sous un parapluie, et d'un enfant qui porte son sabre.

P. — Un prince, tout de noir vêtu, reçoit de son serviteur un oiseau rare sur une branche fleurie.

Q. — Une dame s'avance vers un prince assis sur une terrasse de son palais.

KATSOU-KAVA SHOUN-SHO

N° 531 A

KATSOU-KAVA SHOUN-SHO

N° 531 B

KATSOU-KAVA SHOUN-SHO

N° 531 C

KATSOU-KAVA SHOUN-SHO

N° 531 D

KATSOU-KAVA SHOUN-SHO

N° 531 E

KATSOU-KAVA SHOUN-SHO

N° 531 F

KATSOU-KAVA SHOUN-SHO

N° 531 G

KATSOU-KAVA SHOUN-SHO

N° 531 H

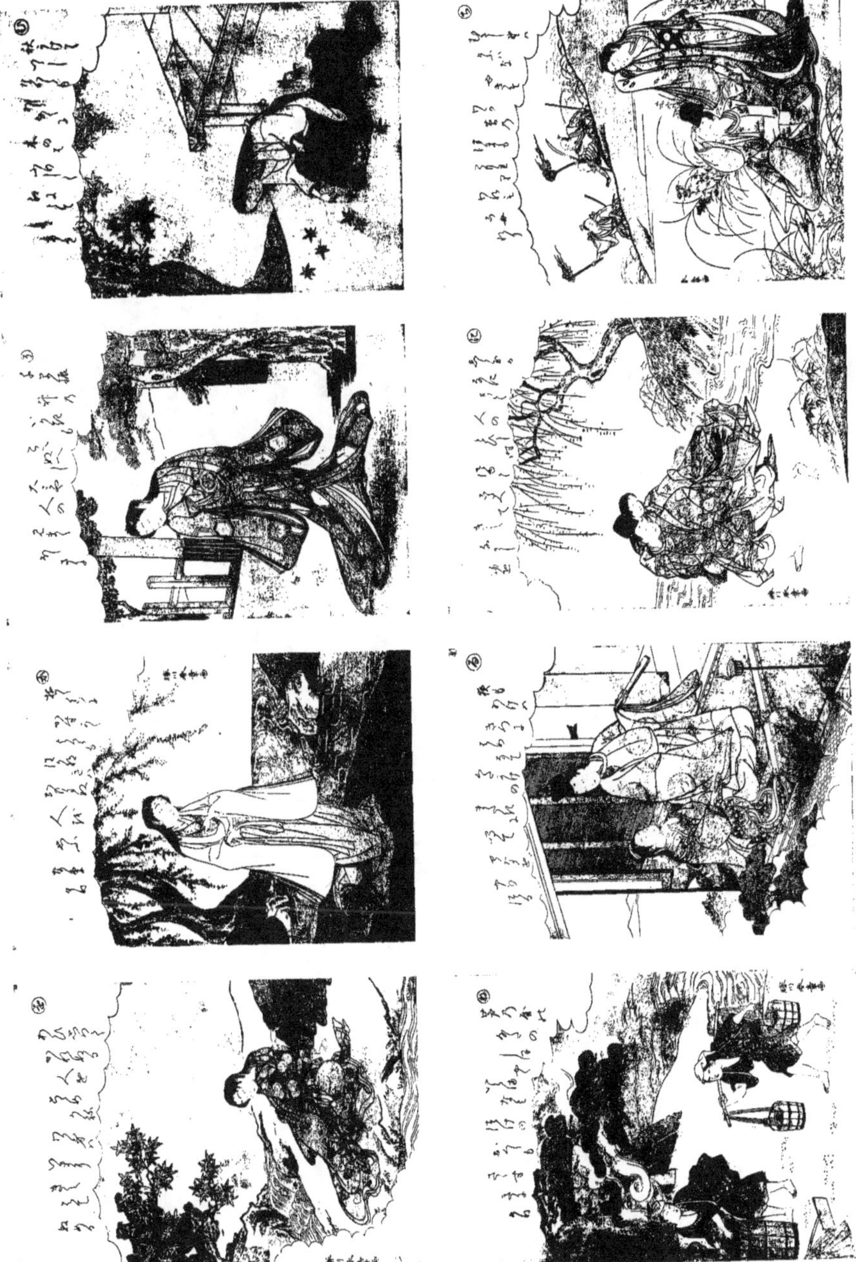

SHOUN-YEI

N° 570

SHOUN-YEI

N° 583

SHOUN-KO

N° 561

SHOUN-YEI

N° 573

SHOUN-YEI

N° 574

SHOUN-YEI

N° 585

R. — Un enfant présente une lettre à une dame debout au seuil de sa maison;

S. — Un seigneur, un noble enfant, un serviteur et un batelier voguent sur une rivière, où nagent des canards;

T. — Un prince, son page et son serviteur se dirigent vers un pont traversant un cours d'eau tout bordé d'iris en fleurs;

U. — Un seigneur passe devant trois gardes endormis;

V. — Promenade seigneuriale en vue du mont Fouji;

X. — Un jeune prince, un vieillard et un serviteur sont assis sous des pins au bord d'une rivière. Devant eux sont plantées des baguettes ornées de papier au pied desquelles on a mis des sortes de godets. — Toutes ces pièces sont signées : Shoun-sho ou, plus rarement, Katsou-kava Shoun-sho.

532. ❧ "Hoso-yé" : Une jeune femme, à la robe rougeâtre quadrillée, renoue sa ceinture. La neige tombe. — Signé : Shoun-sho.

533. ❧ —— Danseur tenant aux dents un tambourin. — Idem.

534. ❧ —— Homme au "kimono" noir rayé de blanc. — Idem.

535. ❧ —— Sous un saule pleureur, un homme armé de sa sandale en tient par les cheveux un autre portant une faucille à la main. — Idem.

536. ❧ —— Homme couvert de vêtements bistrés, portant de longs cheveux et de gros favoris. Temps de neige. — Signé : Katsou-kava Shoun-sho.

537. ❧ —— Acteur dans le rôle du chef des quarante-sept "ro-nïn". Il porte un manteau rouge grillagé de blanc. — Signé : Shoun-sho.

538. ❧ —— Un lutteur, la face peinte et portant un grand sabre, se penche pour écouter quelque chose. — Idem.

539. ❧ —— Courtisane au vêtement noir, décoré de cordons noués, sur un "kimono" blanc attaché par une ceinture verte brodée d'énormes pivoines. — Idem.

540. ❧ —— Par la neige, un homme se tient devant une claie rougeâtre à l'abri de son parapluie. — Idem.

541. ❧ —— Devant une muraille rose, un homme, vêtu de gris et de blanc et la tête ceinte d'une étoffe verte qui lui contourne les épaules, fait sentinelle le sabre à la main. — Idem.

542. ❧ —— Un homme, coiffé d'un bouchon de paille qui semble lui faire une auréole et chaussé de "ghéta", tient de la main droite une théière. — Non signé; cachet au pot.

KATSOU-KAVA SHOUN-KO
XVIIIe Siècle

Élève de Katsou-kava Shoun-sho [1], il était aussi habile que son maître à faire des portraits ressemblants d'acteurs. Il en a laissé beaucoup, ainsi que des compositions vulgaires. Comme il se servait d'un cachet en forme de pot, ses contemporains le surnommèrent "Ko-tsoubo" (petit pot) [2]. Vers l'âge de quarante-cinq ou six ans, à la suite d'une maladie, il fut frappé de paralysie [3] et cessa de travailler. Mais plus tard, du temps qu'il demeurait au quartier Azabou (à Yé-do), dans le temple Zën-foukou ji,

(1) Voir la biographie vol., page 75.
(2) On a vu que Shoun-sho, son maître, du temps que sa détresse le contraignait d'user du cachet de son logeur, avait été surnommé "Tsoubo-ya" (maison du pot).

(3) Circonscrite au côté droit (au moins définitivement), puisqu'il a pu exécuter plus tard un portrait de la main gauche.

où il s'était retiré, il consentit, sur la demande d'un certain Yĕn-ba-wo, à faire le portrait de l'acteur Hakou-yĕn et le dessina de la main gauche. Shoun-ko vivait encore dans les années de An-yeï (1772-1780).

543. ❦ Une feuille d'écran représentant deux portraits d'acteurs : un homme et une femme qui porte un bonnet laqué. — Signé : Shoun-ko.

544. ❦ Pentaptyque en "hoso-yé": Cinq portraits d'acteurs revêtus tous d'un "kimono" décoré de bambous et d'un manteau rouge. — Idem.

545. ❦ Diptyque en "hoso-yé": Deux portraits d'acteurs : "samouraï" vêtu de noir et femme portant une branche de prunier fleuri. — Idem.

546. ❦ —— Lutteurs, deux sur une feuille et un sur une autre. — Idem.

547. ❦ —— Un bonze, agenouillé aux pieds d'une femme, lui offre des amulettes. — "Samouraï" au manteau noir tombant et au "kimono" décoré de chrysanthèmes. — Idem.

548. ❦ —— Une femme, au manteau noir décoré de fleurettes prises dans des toiles d'araignées, essaie d'ouvrir un parapluie. — Homme couvert d'un manteau de paille, tenant à la main un sabre enveloppé dans une étoffe de soie. — Idem.

549. ❦ Deux "hoso-yé" : Acteurs sur des éventails. L'un a la figure et les bras peints de lignes rouges; l'autre très gros est à demi nu. — Idem.

550. ❦ —— Un "hoso-yé" : "Samouraï" passant à travers une claie, qu'il vient de couper avec son sabre. — Idem.

551. ❦ Diptyque en "hoso-yé" : Femme tenant les deux mains sur un bâton appuyé à ses épaules et homme à bonnet rougeâtre portant un plateau chargé de deux petits vases. — Signé : Shoun-ko.

552. ❦ —— Femme auprès d'un tambour et d'une marionnette et homme tenant une pipe; derrière celui-ci est un appareil de fumeur. — Idem.

553. ❦ Un "hoso-yé" : Portrait d'acteur vêtu d'un "kimono" à carreaux noirs et blancs et portant un seau de la main gauche. — Idem.

554. ❦ Triptyque en "hoso-yé". Trois portraits d'acteurs: deux ont des robes vertes décorées, chez l'un de papillons, chez l'autre d'hirondelles de mer; le troisième un "samouraï" s'appuie sur une longue canne. Derrière eux une haie de chrysanthèmes. — Idem.

555. ❦ —— Devant une frise de "mon" et de papillons, trois acteurs sont debout. L'un, un "samouraï", porte un manteau gris décoré de chrysanthèmes et de points blancs; le second est vêtu d'un manteau rouge rayé de blanc; le troisième, portant un vêtement brun sur un "kimono" jaune, déroule un "kakémono". — Idem.

556. ❦ Tétraptyque en "hoso-yé" : Sous des arbres en fleurs, deux hommes armés de haches, excités par une méchante femme, vont se battre; lorsqu'une autre femme, à la robe et à la coiffure fleuries, s'avance entre eux pour les séparer. — Idem.

557. ❦ Diptyque en "hoso-yé" : Devant un rideau de bambous, deux hommes, dont l'un porte le "mon" de "Satsouma" sur son vêtement, se disposent à en venir aux mains. — Idem.

558. ❦ "Hoso-yé". Un homme, portant sur la tête un masque de "shishi" et vêtu d'un costume décoré de dessins imitant des touffes de poils frisés, tient à la main une tige de pivoines fleurie. — Idem.

559. ❦ —— Un homme vêtu d'un "kimono" noir tient un parapluie au-dessus de sa tête. — Signé : Katsou-kava Shoun-ko.

560. ❦ —— Une courtisane, à la robe bistrée décorée d'une plante grimpante et à la ceinture rouge, replace une des épingles de sa coiffure. — Idem.

561. ❦ —— Aveugle, coiffé d'un bonnet vert, dansant, une longue canne à la main. — Signé : Shoun-ko.

SHOUN-YEI

N° 589 B

SHOUN-YEI

N° 589 C

SHOUN-YEI

N° 586

SHOUN-YEI

N° 586

562. ❧ Deux estampes larges et basses ; Scènes de théâtre : Jeune prince entouré de trois guerriers dont l'un porte une armure. — Une jeune femme debout, tenant une longue pipette, reçoit une semonce d'un homme assis auprès d'un présentoir. Un autre homme, assis également auprès d'une femme, les regarde. — Signé : Katsou-kava Shoun-sho.

563. ❧ "Hoso-yé". Seigneur vêtu d'un costume de cour rouge à "mon" blancs et tenant sous le bras droit un grand rouleau décoré d'étoffe précieuse et de deux grelots. — Idem.

564. ❧ ——— Kïn-toki assis la hache en main aux pieds de sa mère Yama-ouba. — Signé : Shoun-ko.

565. ❧ ——— Devant un "mon" immense, un grand seigneur, le visage peint, au costume blanc, grisâtre et rouge foncé, tient d'une main son grand sabre et de l'autre un éventail. — Idem.

566. ❧ ——— Un acteur chevelu, barbu, à l'étrange coiffure et au riche vêtement décoré de dragons dans les flots, tient à la main son grand sabre au pommeau orné d'une tête de dragon. — Idem.

567. ❧ ——— Une ravissante jeune femme, vêtue d'un costume noir et rouge richement décoré et la face entourée d'une étoffe violette, se tient debout dans une pose méditative auprès d'un haut porte-bouquets à quatre étages garni de fleurs variées. — Idem.

KATSOU-KAVA SHOUN-YEÏ
1761-1819

KATSOU-KAVA SHOUN-YEI, surnommé Kiou-tokou-saï, était fils de Iso-da Ji-ro-bè-é. Il entra chez Katsou-kava Shoun-sho [1], et se pénétra de sa manière. Vers la période qui embrasse les "nën-go" Kwan-seï, et Kyo-wa (1789-1803), il fit beaucoup de portraits d'acteurs et d'estampes, suivant une manière personnelle, que ses contemporains ont appelée « la manière de Kiou-tokou ». On a de lui des modèles divers, entre autres des guerriers ; il a fait aussi des dessins coloriés, dans lesquels il a dépassé Shoun-teï [2] et Outa-maro [3]. Toyo-kounï [4] lui-même a imité sa manière. On a encore de lui des dessins de fantaisie et de nombreuses peintures que nul autre n'eût pu exécuter comme lui. Citons de ce maître un paravent, décoré d'une suite d'onze compositions tirées du drame intitulé : "tchiou shïn goura" (miroir des fidèles sujets), et un "makimono", sur lequel il a représenté des pompiers manœuvrant au milieu d'un incendie. Shoun-yeï chantait bien le "ghi-daï-yo" [5] et jouait du "shamisën" avec une extrême habileté. Il est mort le 10ᵉ mois [6] de la 2ᵉ année de Boun-seï (novembre 1319), à l'âge de 58 ans. Il eut deux enfants : une fille morte en bas âge et un fils nommé Ono-ji, qui a fait, lui aussi, de bonne peinture.

568. ❧ Une estampe large et basse : Un " samouraï ", accompagné de son serviteur, se cache la figure derrière son éventail et cependant regarde à travers la monture un groupe de femmes et d'enfants qui passent. — Signé : Katsou Shoun-yeï. — Larg. : 0"55 ; haut. : 0"20.

(1) Voir sa biographie. Tome I., page 75.
(2) KASTOU-KAVA SHOUN-TEI, surnommé Ri-rin, Sho-ko-saï, etc., a pris aussi le nom de Shoun-yei après avoir été l'élève de ce maître. Il peignait excellemment les guerriers et a illustré de nombreux livres vulgaires. Shoun-teï florissait dans les années de Tën-po (1830-1843).

(3) Voir plus loin la vie de ce maître.
(4) Voir sa biographie, page 24.
(5) C'est une musique qui a des analogies avec celle de nos opéras.
(6) C'est le livre A qui donne cette date ; le livre C dit que Shoun-yei mourut le 26ᵉ jour du 7ᵉ mois (août) de cette même année.

569. ❧ Six estampes en hauteur de petit format : scènes tirées du " Ichiou shïn goura " (miroir des fidèles sujets). — Signé : Shoun-yeï.

570. ❧ " Hoso-yé " : Acteur en costume clair tenant une bouilloire à " saké ". Au-dessus de sa tête est un cerisier fleuri. — Idem.

571. ❧ —— Acteur, dans un rôle de femme encapuchonnée de noir. — Idem.

572. ❧ —— " Samouraï " en robe et coiffure noire et en manteau damassé. Derrière lui une muraille. — Idem.

573. ❧ —— Homme armé émergeant d'une petite meule de paille. — Idem.

574. ❧ —— Danseur vêtu d'un costume clair et d'un manteau lilas piqueté de blanc. — Idem.

575. ❧ —— Acteur à mi-corps, la tête couverte d'un linge. — Idem.

576. ❧ Diptyque en " hoso-yé " : Homme tenant ses sandales à la main et femme tirant un sabre en se cachant la figure. — Idem.

577. ❧ —— Joueuse de " shamisēn " et porteur de balais devant une haie et un cerisier fleuri chargés de neige. — Idem.

578. ❧ —— Danseur en costume de femme noble tenant un éventail et danseur populaire. Impression en couleurs claires. — Idem.

579. ❧ —— Deux danseuses portant des costumes analogues à ceux des précédents, mais faisant des gestes différents. Impression en tons clairs. — Idem.

580. ❧ —— Personnage chargé d'un seau et femme avec fillette. — Idem.

581. ❧ Triptyque en " hoso-yé " : Danseuse portant une robe décorée de grues auprès d'un ruisseau. A ses côtés sont assis deux bonzes, dont l'un fume sa pipe. — Idem.

582. ❧ —— Un pauvre hère est agenouillé sous son parapluie déjà fendu par le sabre d'un homme qui le menace de nouveau. Un homme vigoureux s'interpose entre les deux. — Idem.

583. ❧ " Hoso-yé " : Une femme, richement habillée d'une robe décorée d'un vol de grues, porte un petit tableau votif représentant un cheval. — Idem.

584. ❧ —— Acteur tenant un sabre. Il est habillé d'une robe rayée bistre et blanc, à laquelle est superposé un vêtement noir. — Idem.

585. ❧ —— " Samouraï " portant un " kimono " vert par-dessus un autre " kimono " rose. Il se gratte le bras à la saignée, pour exprimer sa perplexité. — Idem.

586. ❧ —— Deux petites estampes carrées : Portraits d'acteurs. Homme à la figure peinte, portant une bande-lette fripée autour de la tête. — Homme portant tous ses cheveux, vêtu d'un " kimono " gris sur un autre brun clair. — Idem.

587. ❧ Estampe en hauteur : Homme portant un " kimono " vert très clair sur un autre jaunâtre. Sa coiffure, ses jambières, ses brassards, son vêtement de dessous sont gris foncé. Il tient une de ses mains dans l'autre. — Idem.

588. ❧ Quatre estampes en hauteur représentant des lutteurs : Le premier tient d'une main sa pipe et de l'autre sa poche à tabac. — Le second, vêtu d'un " kimono " blanc à raies croisées lilas, porte un manteau noir sur l'épaule gauche et tient la poignée de son sabre. — Le troisième, aux chairs foncées, porte un " kimono " olive sur un autre jaune finement rayé de rouge. — Le dernier tient de la main droite un linge; de la gauche il relève ses deux " kimono ", noir et jaune rayé de rouge, montrant sa forte jambe nue. — Idem.

589. ❧ —— Trois feuilles en hauteur représentant des acteurs : A. Un gros homme à favoris, la face peinte, vêtu d'une robe à fond rouge décorée de tiges et feuilles de bambou et du " mon " de Satzouma; un autre les orbites et les tempes colorées en rouge clair. — B. Femme regardant un homme au visage peint et à la tête entièrement rase, ainsi que la face, sauf en deux points d'où tombent d'étroits et longs favoris. — C. Femme placée derrière un homme, qui cherche à la voir en regardant de côté; l'homme porte des favoris et sa tête est enveloppée d'un linge. — Idem.

590. ❧ —— Feuille d'écran représentant un acteur, la tête enveloppée d'un linge, qui porte de superbes favoris. — Idem.

TORI-I KYO-NAGA

N° 242

SHOUN-TCHO

N° 610

TORI-I KYO-NAGA

N° 241

TORI-I KYO-NAGA

N° 240

KATSOU-KAVA SHOUN-ZAN [1]

XVIIIᵉ et XIXᵉ Siècles

591. ❧ " Hoso-yé ". Jeune femme tenant un sabre. Derrière elle, on voit une branche de pin et la terrasse d'une maison. — Signé : Shoun-zan.

592. ❧ Estampe en hauteur : Jeune guerrier à cheval au milieu des flots. — Idem.

593. ❧ —— Ho-teï, accompagné d'un enfant qui tient une trompette, porte son sac sur l'épaule au moyen d'un grand arc. — Signé Katsou-kava Shoun-zan.

KATSOU-KAVA SHOUN-SËN

XVIIIᵉ et XIXᵉ Siècles

Il étudia premièrement avec Setsou-zan Tsoudzoumi To-rïn et porta alors le nom de Shoun-rïn ; il prit celui de Shoun-sën lorsqu'il devint élève de Shoun--yeï ; dans la suite il s'appela Shoun-ko IIᵉ. Son nom vulgaire était Seï-ji-ro. Ses œuvres furent tenues en grande estime vers la fin de Boun-ka (1804-1817) ; les marchands d'estampes de Shïn-meï-maé se les disputaient et en publiaient chaque jour de nouvelles éditions. A cette époque, il dessina les illustrations d'un livre vulgaire intitulé : " Ghën-go-ro bouna ", dont To-zaï-an Nan-bokou avait écrit le texte. Plus tard il renonça à travailler pour la gravure et s'occupa exclusivement de la décoration des porcelaines, "dont la mode commençait à prendre". La femme de Shoun-sën s'adonna aussi à l'art vulgaire, publiant chaque année des livres vulgaires illustrés, qu'elle signait de son nom d'écrivain : Ghetsou-ko-teï Sho-jiou. Shoun-sën a eu des élèves, parmi lesquels Sën-ri, qui vivait dans les années de Boun-seï (1818-1829).

594. ❧ Estampe en largeur : Plant de pivoines roses et blanches parmi lesquelles s'ébattent deux papillons. — Signé : Shoun-sën.

595. ❧ —— Sur une hauteur, en vue de la mer et d'un petit temple rouge bâti sur pilotis, quatre femmes et un homme, portant des paquets abrités sous des nattes, se disposent à passer un ponceau jeté sur un torrent. La pluie fait rage. — Idem.

596. ❧ Estampe en hauteur : Deux femmes debout brandissent des joujoux derrière deux hommes assis dont l'un porte un tambour et l'autre un bonnet laqué. — Idem.

(1) KATSOU-KAVA SHOUN-ZAN, élève de Katsou-kava Shoun-sho, vivait vers le " nën-go " Kwan-seï (1789-1800).

KATSOU-KAVA SHOUN-TCHO

XVIIIe Siècle

SHOUN-TCHO était son nom, et son surnom Kitsou-sa-do; il s'est appelé vulgairement Kitchi-za-é-mon. Élève de Shoun-sho [1], il a imité admirablement aussi Kyo-naga [2]. Il a dessiné une quantité d'estampes, parmi lesquelles de nombreux portraits d'acteurs, et illustré beaucoup de livres. Shoun-tcho a vécu durant une période qui comprend An-yeï (1789-1800) et Boun-seï (1818-1829). Nous savons que, durant ce dernier nën-go, il renonça à la peinture vulgaire et qu'il mourut fort âgé.

597. ◦ Petite estampe en hauteur : Promenade de deux courtisanes accompagnées de leurs " kamouro ". — Signé : Kitsou-sa-do Shoun-tcho.

598. ◦ —— Dans un site riant cher aux promeneurs, d'où l'on aperçoit la mer couverte de barques, un jeune homme, son éventail à la main, sous un cerisier fleuri, contemple une gracieuse jeune femme occupée à renouer sa ceinture et à qui une servante tend un manteau. — Idem.

599. ◦ Diptyque en " hoso-yé ". Deux acteurs : l'un porte sur l'épaule gauche une gourde liée à la poignée d'un sabre et tient de la main droite une grande coupe à " saké "; l'autre, coiffé d'une étoffe grise surmontée d'un masque de " shi-shi ", frappe de deux petits bâtons un tambourin suspendu à son cou. Au-dessus de leurs têtes on voit un pin et derrière eux un ruisseau tapageur. — Signé : Shoun-tcho.

600. ◦ " Naga-yé ". Jeune femme debout auprès de sa moustiquaire. Elle porte une ceinture rose sur un " kimono " lilas clair. — Idem.

601. ◦ —— Une jeune femme, vêtue d'un " kimono " lilas retenu par une ceinture noire, porte sur un plateau un petit vase contenant une feuille et va en placer un semblable sur une étagère. Un enfant, habillé de vert, tire le bas de sa robe. — Idem.

602. ◦ —— Même planche qu'au numéro précédent; mais ici le " kimono " de la femme est gris et celui de l'enfant violet. — Idem.

603. ◦ —— Une jeune femme, au vêtement noir sous lequel transparaît un autre vêtement rose, tient un parasol de la main droite et un éventail de la gauche. — Idem.

604. ◦ —— Deux jeunes femmes, l'une debout, l'autre à genoux, se livrent à des préparatifs culinaires. — En haut de l'estampe est écrite une poésie. — Idem.

605. ◦ —— Au bord d'un fleuve, sur l'autre rive duquel se voient un temple et le parc qui l'entoure, se promène une jeune femme vêtue d'un " kimono " noir retenu par une ceinture rose. — Idem.

606. ◦ —— Sous un cerisier fleuri se tient debout une jeune courtisane vêtue d'une robe violette semée d'étoiles sous laquelle transparaît une robe rose. Elle a posé sa main gauche sur le nœud énorme de sa ceinture rose décorée de fleurs stylisées. — Idem.

607. ◦ —— Auprès de vases divers qui semblent indiquer un goûter servi, se tient debout un jeune couple. L'époux, sa pipette à la main, ne semble que médiocrement goûter les propos que lui tient sa femme. — Idem.

608. ◦ —— La princesse Ko-matchi écoute attentivement la douce musique que le prince Nari-hira lui joue sur sa flûte. Une servante les éclaire. — Non signé.

609. ◦ —— Chez un marchand d'estampes une jeune femme est occupée à rouler un " kakémono ". — Idem.

610. ◦ —— La jeune lavandière et le " sën-nin " Kouné. — Idem.

KATSOU-SHIKA HOKOU-SAÏ [1]

1759-1849

611. — " Hoso-yé " : Acteur en " samouraï ", la main droite armée d'un sabre, tient de la gauche une flûte qu'il contemple attentivement. — Signé : Shoun-ro.

612. — —— Kïn-toki, l'enfant rouge, chasse des diablotins hors d'une enceinte sacrée.

613. — Estampe en largeur. Composition du genre " ouki-yé ". Intérieur de la salle du grand théâtre de musique de Yé-do; elle est bondée de spectateurs dans les attitudes les plus diverses. En scène, devant une rangée de musiciens juchés sur une estrade, les acteurs débitent leurs rôles. — Signé : « l'ancêtre de l'ouki-yé, Shoun-ro ».

613bis. — —— " Ouki-yé ". Feu d'artifice sur la rivière Soumi-da, à Yé-do. — Signé : Shoun-ro.

614. — Très petite feuille en largeur : Bouddha, sur une fleur de lotus épanouie, tient derrière sa tête son para-pluie orné de sentences, qui semble le nimber. — Signé : So-ri.

615. — Petite feuille en hauteur : Dames et enfant arrêtés devant une danseuse sacrée. — Signé : Sô-ri Hokou-saï.

616. — —— Un archer coréen, à genoux, bande son arc. Auprès de lui une jeune femme tient une flèche. — Signé : Hokou-saï.

617. — Estampe en largeur : " Ouki-yé". La grande porte du Yoshi-hara. — Idem.

618. — Estampe carrée : Pont aérien reliant deux hautes falaises, entre lesquelles la lune éclaire un village au bord de la mer. — Signé : Katsou-shika Taï-to.

619. — Estampe étroite en hauteur : Deux grues debout parmi de jeunes pins. — Signé : Taï-to.

619bis. — Deux bandes étroites en hauteur : Le " sén-nïn " Tek-kaï exhalant son âme. — Signé : Taï-to. — Ho-leï, grimpé sur le haut de son sac, remet des cordes à son " ko-to ". — Signé : Katsou-shika Taï-to.

620. — Estampe étroite en hauteur : Courtisane à la robe de dessus décorée de branches de pin et à la ceinture tricolore. — Idem.

621. — —— Courtisane coiffée et costumée à la mode du temps de Moro-nobou et de Souké-nobou. — Signé : « suivant la manière de Hishi-kava et Nishi-kava », Katsou-shika Taï-to.

622. — Petite estampe en largeur : Homme, couvert d'un manteau de paille et d'un grand chapeau de même matière, relevant son mortier enfoui dans la neige. — Signé : Taï-to et, sur un cachet : " man ".

623. — Estampe étroite en hauteur : Carpe émergeant d'un courant parmi des algues. — Signé : Katsou-shika Taï-to.

624. — —— Autre épreuve de la même planche. — Idem.

625. — Petite feuille carrée; " toba-yé " : Ouvriers occupés à moudre et à tamiser. — Signé : Hokou-saï.

626. — Petite planche en hauteur; " toba-yé " : Promenade aux lanternes. Un homme, accompagné de deux serviteurs, regarde, à travers la monture de son éventail, un groupe de femmes et d'hommes qui passent. — Idem.

627. — Dix-huit petites estampes en hauteur, faisant partie de la série des " cinquante-trois stations du To-kaï-do ". — Non signé.

628. — Grand " sourimono " bas en largeur : Au bord de la mer, deux jeunes femmes en villégiature, précédées de deux gamins armés de lignes et suivies d'un porteur, se dirigent vers l'enceinte d'un temple shintoïste. — Signé : Hokou-saï.

629. — —— Sur la plage, en vue de l'île E-no shima, un groupe de jeunes voyageuses, suivies de leur porteur, rencontrent des enfants de la campagne conduisant un bœuf. — Signé : " Gwa-kyo-jïn Hokou-saï ".

(1) Voir la biographie de cet artiste, tome I", page 76.

630. Grande estampe étroite en hauteur, de la série " shika sha shin kyo " : Deux cavaliers chinois suivent une route sinueuse au bord de l'eau. — Signé : " ʒēn Hokou-saï I-itsou ". Haut. : 0"51; larg. : 0"22.

631. Grand " sourimono " bas en largeur : Les deux rives de la Soumi-da développant les berges de la ville de Yé-do, en amont du pont Rio-gokou, dans une vue prise au faubourg Hon-jo, qui se déroule au premier plan, avec ses digues et ses verts bosquets abritant de paisibles maisonnettes. — Signé : Gwa-kyo Ro-jīn Hokou-saï.

632. Grand " sourimono " en largeur. Danseur et musicienne en représentation devant un jeune seigneur, assis, sur un siège laqué à l'ombre d'un vieux pin. A son côté, un présentoir supportant deux vases garnis d'emblèmes de fête en papier artistement plié. — Signé " Gwa-kyo-jīn Hokou-saï ". Haut. : 0"40; larg. 0"53.

633. Estampe en largeur : En vue de l'île E-no shima, sur la grève s'avancent trois voyageuses. Deux vont à pied; la troisième est assise sur un buffle conduit par un enfant. Un porteur les précède et un autre les suit. — Non signé.

634. —— (faisant partie de la même série que le numéro précédent) : Pont sur la Soumi-da, à Yé-do. Une barque est engagée dessous. — Idem.

635. —— Vue d'une chaussée construite sur un bras de mer, dans l'archipel Riou-kyou. — Signé : " ʒēn Hokou-saï I-itsou ".

636. —— Deux jeunes femmes et un enfant se disposent à passer un ponceau jeté sur un ruisseau tout fleuri d'iris. Deux gamins barbottent dans l'eau; l'un d'eux tient à la main une tortue qu'il élève triomphalement au-dessus de sa tête. — Signé : Katsou-shika Hokou-saï.

637. Suite de cinquante-cinq planches de petit format en largeur, du genre " sourimono " (six planches ont une largeur double de celle des autres) : Les stations du " to-kaï-do " (manque la planche représentant Kyo-to). — Signé : " Gwa-kyo-jīn Hokou-saï ".

638. Trois " sourimono " de petit format en largeur : Jeunes femmes mesurant des bras un gros arbre. — Jeunes femmes descendues de leur " nori-mono " sous un arbre fleuri. — Une jeune femme debout regarde un fruit; une autre, à genoux, apprend la lecture et le calcul à un garçonnet. — Signé : " Gwa-kyo-jīn Hokou-saï ".

639. Petit " sourimono " en largeur : Trois jeunes femmes, dont l'une porte au dos un seau laqué et s'appuie sur une canne, rencontrent une campagnarde au bord d'un ruisseau. — Signé : Hokou-saï.

640. Deux " sourimono " : Une fillette apporte une fleur à une jeune femme qui rajuste sa coiffure. — Signé : Hokou-saï. — Une jeune dame prosternée offre une poésie. — Signé : Hokou-saï.

640bis. Quatre toutes petites feuilles en largeur; caricatures du genre "To-ba-yé" : Les verres grossissants. — L'hôte récalcitrant. — Le vêtement grouillant. — Danse rituelle. — Signé Hokou-saï.

641. —— Jeu de la balle. — Sauve-qui-peut. — La douche. — La marmite adhérente. — Idem.

642. —— Le colimaçon effroyable. — Concert interrompu. — Le puits. — Jeu du cerf-volant. — Idem.

643. —— Fringale et satiété. — Pose de moxa. — Attelage domestique. — Charmante surprise. — Idem.

644. —— Joyeux repas. — La toilette. — Consultation. — Jeu de gō. — Idem.

645. —— Visiteur pressé. — Différents effets de la lecture. — Délassements variés. — Après le plaisir. — Idem.

646. —— Pieuvre comptant son trésor. — Apprêts du repas. — Cueillette. — Assez travaillé. — Idem.

647. —— Ménage paisible. — Talent précoce. — Joies paternelles. — Le bon repas. — Idem.

648. —— Le crapaud hydrophobe. — Massage. — Doux repos. — Repas méthodique. — Idem.

649. Deux feuilles de la même série : Le bon "saké". — Salon de coiffure. — Idem.

650. Quatre petites estampes en hauteur faisant partie de la série des fantastiques :
A. — Revenant entr'ouvrant une moustiquaire;
B. — Stèle, bol et serpent;
C. — Goule dévorant une tête d'enfant;
D. — La lanterne fantôme. — Ces quatre pièces sont signées : Hokou-saï.

HOKOU-SAI

N° 619

HOKOU-SAI

N° 618

HOKOU-SAI

N° 642

HOKOU-SAI

N° 640 bis

HOKOU-SAI

N° 644

HOKOU-SAI

N° 641

HOKOU-SAI

N° 652 A

HOKOU-SAI

N° 653 D

651. ❧ La même série, complète cette fois, mais en retirage. Cinq pièces, dont les quatre précédentes et, en plus, le spectre de la servante aux assiettes précieuses. — Signé : Hokou-saï.

652. ❧ Quatre estampes en largeur représentant des fleurs :
A. — Chrysanthèmes.
B. — Volubilis.
C. — Iris.
D. — Pivoines. — Toutes sont signées : " ʒĕn Hokou-saï I-itsou ".

653. ❧ Douʒe estampes en largeur : " Shoun-gwa ". Compositions érotiques.

654. ❧ Sept estampes en largeur, faisant partie de la série des cent poètes :
A. — Les jonques chinoises.
B. — Les " nori-mono ".
C. — Les pêcheuses d'" awa-bi ".
D. — Pêche au filet dans le torrent, près d'un feu de bois.
E. — Voyageurs regardant d'un pont la rivière qui emporte les feuilles d'érable rougies par l'automne.
F. — Le village aux toits rouges.
G. — La moisson du riʒ. — Toute la série est signée : " ʒĕn Hokou-saï " et porte sur le cachet : Man.

655. ❧ Quatre estampes en largeur appartenant à la série " tchiou-shïn goura " (miroir des vassaux fidèles) :
A. — La déclaration de Ki-ra surprise par le prince Asa-no.
B. — Un homme coupe une branche d'arbre devant un autre homme qui le regarde d'une terrasse.
C. — Une princesse, au milieu de ses suivantes, dispose des bouquets dans des vases.
D. — Deux dames en voyage descendent une côte au bord de la mer ; l'une porte deux sabres et s'appuie sur une haute canne; des porteurs les précèdent. — Suite non signée.

656. ❧ Cinq estampes en hauteur de la série des cascades :
A. — Foule grouillante dans le torrent au pied d'une cascade.
B. — Des gens montent du village au sommet d'une cascade par un escalier qui côtoie l'abîme.
C. — Personnages assis au bord d'un rocher d'où l'on voit tomber une cascade à pic; un serviteur leur prépare leur repas.
D. — La cascade basse.
E. — Palefrenier lavant un cheval dans le torrent. — Série signée : " ʒĕn Hokou-saï I-itsou ".

657. ❧ La même série complète, en retirage. — Idem.

658. ❧ Quinʒe estampes en largeur faisant partie de la série des ponts :
A. — Pont très fréquenté sur une rivière presque à sec. Parapluies séchant plantés dans le sable; plus loin, tir à l'arc.
B. — Pont étroit sur la rivière que suit un radeau. Sur la rive opposée au spectateur sont des pins et des arbres fleuris.
C. — Pont extrêmement cintré allant de la rive à un îlot. Tout auprès de son point de départ est une glycine énorme.
D. — Pont en ʒig-ʒag sur un cours d'eau tout fleuri d'iris.
E. — Plusieurs ponceaux relient des îlots, au pied d'une colline, par laquelle passe un large chemin.
F. — Répétition de la planche précédente, dans un tirage différent.
G. — Pont de bateau, sur lequel passe un homme à cheval. Temps de neige.
H. — Tirage différent de la planche précédente.
I. — Pont aérien, au-dessus d'une vallée.
K. — Même planche en tirage différent.
L. — Passerelle reliant à la falaise une roche isolée portant un pavillon.
M. — Tirage différent de cette planche.
N. — Pont dont les trois arches médianes reposent sur des piliers en pierre.
O. — Autre tirage de cette planche.
P. — Tirage différent encore de la même planche. — Toutes ces planches sont signées : " ʒĕn Hokou-saï I-itsou ".

659. ❧ Trente-neuf estampes en largeur, comprenant la série des trente-six vues du mont Fouji plus trois planches à ciel rose :
A. — " Ni-hon bashi " à Yé-do.
B. — Magasin de Mitsou-i, dans Sourou-ga Icho (rue de Yé-do). — Les couvreurs.

C. — Vue de Sourou-ga-daï (quartier de Yé-do). — Un " samouraï " et son serviteur côtoient des porteurs sur la route qui passe devant une maison aux toits élégants.

D. — Vue de Ko-ishi-kava (à Yédo), " le lendemain du jour que la neige est tombée ".

E. — Vue du temple Hon-gwan-ji à Asa-kousa (Yé-do).

F. — Vue du pont Rio-gokou et de l'endroit nommé O-mouma-ya (à Yé-do), au soleil couchant.

G. — Village de Séki-ya, sur les bords de la Soumi-da. — Les trois cavaliers.

H. — Vue de Sën-jiou, village de la province de Bou-shiou. — Cheval rouge et pêcheurs.

I. — Par dessous le pont Man-nën bashi, au quartier Fouka-gava (Yé-do).

Ibis. — Un exemplaire de cette planche avec ciel rose.

J. — Estampe appelée "spirale du temple Go hiakou ra-kan ", à Yé-do. — Les touristes sur la terrasse regardant le Fouji.

K. — L'îlot de Tsoukouda, province de Bou-yo (ou Mousashi).

L. — Vue de Shimo-mé-gouro, village de la province de Mousashi.

M. — Vue de Ao-yama, quartier de Yé-do où est le pin nommé " Yën-za " (m. à m. : siège rond). — Repas sur l'herbe.

N. — Moulin à eau dans le village de In-dën, province de Mousashi.

O. — Vue de la rivière Tama-gava, dans la province de Bou-shiou.

P. — Ligne de navigation de la province de Kadzou-sa. — La jonque.

Q. — Vue de To-to-oura, village de la province de Kadzou-sa. — Les " tori-i ".

R. — Vue de Oushi-bori, dans la province de Djo-shiou. — La grande barque auprès du bord.

S. — La grande vague au large de Kana-gava, dans la province de Saga-mi.

Sbis. — Un exemplaire de la même estampe à ciel rose.

T. — Vue de Hodo-ga-ya, station du " to-kaï-do ". — Cavalier et " nori-mono " dans une allée de pins.

U. — Rivage appelé Shitchi-ri-ga hama, dans la province de Saga-mi.

Ubis. — Un exemplaire de la même planche avec ciel rose.

V. — Vue de l'île E-no-shima, dans la province de Saga-mi. — Passage du gué.

X. — Vue de la campagne de Oumé-zava-zaï, province de Saga-mi. — Les grues.

Y. — Vue de Hako-né, dans la province de Saga-mi.

Z. — Vue du mont Fouji, quand il fait beau temps.

AB. — Vue du mont Fouji après une ondée. — L'éclair.

AC. — Village de E-dji-ri, dans la province de Soun-shiou (Sourou-ga). — Le coup de vent.

AD. — Vue du rivage de Ta-go à Yé-djiri (station du " to-kaï-do ") dans la province de Sourou-ga. — Les deux grandes barques jaunes.

AE. — Vue prise dans les montagnes de la province de Toto-mi. — Le scieur de long.

AF. — Vue de Yoshi-da, dans la route du " to-kaï-do ". — La " tcha-ya ".

AG. — Vue de Fou-ji-mi-hara, dans la province de Bi-shiou. — Le tonnelier.

AH. — Passage en haut de la montagne Inou-mé, dans la province de Ko-shiou. — Chevaux et porteurs gravissant la montagne.

AI. — Vue de Mi-shima dans la province de Ko-shiou. — Le gros arbre.

AJ. — Surface de l'eau à Mi-zaka, province de Ko-shiou. — Le reflet de la montagne.

AK. — Ishi-boutchi-zava, localité au bord de la mer, dans la province de Ko-shiou. — Pêcheur à la pointe d'un rocher.

AL. — Lac de Sou-wa, dans la province de Shina-no. — Cabane couverte de chaume adossée à des pins tourmentés.

— Toute cette série est signée : « zën Hokou-saï I-itsou. »

660. ❦ Vingt-neuf estampes en largeur, faisant partie de la série précédente, dans un tirage remarquable. Ce sont les lettres A, B, F, H, I, J, K, M, N, O, P, R, S, T, U, V, Y, Z, AB, AC, AD, AE, AF, AG, AH, AI, AJ, AK, AL.

661. ❦ Dix-neuf planches de la même série : B, D, F, I, J, K, N, O, P, T, U, V, X, Z, AB, AE, AF, AG, AK.

662. ❦ Deux planches de la même série : J et V.

663. ❦ Dix estampes en largeur de la suite " oura-no Fouji " (l'autre côté du Fouji), qui continue la précédente.

A. — Arrivée des pèlerins dans la grotte.

B. — " Nori-mono " croisant des chevaux au bord d'un torrent.

C. — Le chantier de bois.

D. — Passage mouvementé d'un gué.

E. — La caravane des buffles.

F. — La fête des cerisiers fleuris.

G. — Rue de village animée.

H. — La cueillette du thé.

OUTA-GAVA TOYO-KOUNI

N° 368 bis

HOKOU-SAI

N° 652 B

I. — Traversée d'un ruisseau auprès d'une statuette religieuse.
J. — Troupe de " samouraï " armés de fusils enveloppés dans des étuis. — Série signée : " ʒen Hokou-saï I-itsou ."

664. ❧ Six planches de la même série dans un état différent : A, B, C, E, F, G.

HOKOU-JIOU [1]
Début du XIXᵉ Siècle

665. ❧ Estampe en largeur : Pont unissant deux falaises au-dessus d'un précipice. — Signé Sho-teï Hokou-jiou.

666. ❧ —— Ponceau au confluent d'un canal et d'une rivière. — Idem.

667. ❧ —— Port en vue du mont Fouji. Les bateaux et les quais portent ombre dans l'eau. — Idem.

668. ❧ —— Le pont Rio-gokou, sur la rivière Soumi-da à Yé-do. — Idem.

669. ❧ —— Temple shintoïste, auprès d'un chantier de bois sur le bord d'un fleuve. Ombre des personnages sur le sol. — Idem.

670. ❧ —— Même site pris d'un point un peu différent. Grands arbres sur la rive au premier plan à droite. Ombre des bateaux et des murs. — Idem.

671. ❧ —— Rivière bordée de quais. A droite un grand pont de bois, en face un canal. — Idem.

671ᵇⁱˢ. ❧ —— Barques sous voiles côtoyant un îlot. — Idem.

OUWO-YA HOK'KEÏ [2]
Début du XIXᵉ Siècle

672. ❧ Une petite planche en largeur : Le dieu Ye-bisou et sa pêche de " taï " (dorade rose). — Signé : Hok'keï.

673. ❧ Petite feuille carrée : Oiselet perché sur un roseau, auprès d'une branche de camélia fleuri. — Idem.

674. ❧ " Sourimono " en largeur : Deux corbeaux passent devant le soleil. — Idem.

675. ❧ " Sourimono " carré : Poissons et crosses de fougère. — Idem.

676. ❧ —— Un coq vivant s'irrite à la vue d'un de ses congénères peint sur un " tsoui-taté " (écran). — Idem.

677. ❧ —— Deux tortues dans l'eau. Auprès de cette composition, une branche de cerisier à fleurs doubles sur un fond rouge. — Idem.

678. ❧ —— Grande coquille noirâtre bivalve et quelques moindres coquillages autour. — Idem.

679. ❧ —— Poisson, couteau, bol et jardinière ornée d'une branche fleurie. — Idem.

680. ❧ —— Auprès d'une coupe en céramique un poisson et un iris. — Idem.

681. ❧ —— Raie et autre poisson avec quelques coquillages. — Idem.

682. ❧ —— Coquilles diverses. — Idem.

683. ❧ —— Petit garçon faisant de l'équilibre sur des échasses, devant un autre enfant. — Idem.

(1) Pour la biographie de Hokou-jiou voir le 1ᵉʳ volume page 79.   (2) Voir sa biographie tome 1, page 80.

684. Sourimono carré. Homme agrippé à un rocher dont veut l'écarter la tempête. — Signé Hok'keï.

685. Petite feuille en largeur : Carpe remontant une cascade. — Idem.

686. —— Deux " man-zaï " fuyant à la vue d'un cheval peint. — Idem.

687. Deux "sourimono" carrés : Un homme écrit sur un pilier placé auprès d'un ruisseau. Sous un abri de paille tout bordé de stalactites de glace; un homme lit auprès d'une énorme boule de neige. — Idem.

688. Sourimono carré : Un guerrier, avec sa lance et un enfant, avec une grosse pierre, brisent un grand vase d'où l'eau s'échappe en abondance. — Idem.

TEÏ-SAÏ HOKOU-BA [1]
Première moitié du XIXe Siècle

689. Grand sourimono large et bas : Trois "ghésha" en goguette et une servante devant un paravent décoré d'un chariot sous des pins. — Signé : Hokou-ba.

690. Onze petites estampes en largeur, de la suite intitulée : « Distractions et coutumes des mois de l'année » (La suite complète est de douze). — Idem.

GAKOU-TEÏ HAROU-NOBOU
Début du XIXe Siècle

GAKOU-TEÏ HAROU-NOBOU, peintre de Yé-do, s'appelait Ya-shima du chef de sa famille; il a porté le nom vulgaire de Ono-kitchi et le surnom de Teï-ko-kyo. Élève de Hok'keï, de Tsoutsoumi Shiou-yeï, de Hokou-saï, etc., il a illustré beaucoup de livres vulgaires et de "sourimono" portant des poésies vulgaires. Lui-même a composé des poésies de ce genre, qu'il signait : Hori-kava Ta-ro Harou-nobou. Il avait étudié cette branche de l'art sous la direction de Ma-do Moura-také. Gakou-teï a publié la vie des poètes vulgaires qui se sont singularisés. Son fils Go-keï a fait de la peinture après lui.

691. Sourimono carré : Le disque de la lune derrière un prunier en fleurs. — Signé : Gakou-teï.

692. Suite de six sourimono carrés représentant chacun une femme dans un cadre : Grande dame, à la robe blanche fleurie et aux longs cordons rouges. — Guerrière tenant un arc. — Femme noble portant un enfant dans ses bras. — Jeune femme présentant une bannière. — Héroïne combattant l'araignée géante. — Courtisane portant un chat sur les bras. — Idem.

693. Sourimono carré représentant un bûcheron au bord d'une rivière encaissée. — Idem.

694. —— Jeune princesse debout, auprès d'un chariot élégant dans lequel une autre princesse est assise. — Idem.

[1] Voir la notice consacrée à cet artiste, tome 1, page 80.

KITA-GAVA OUTA-MARO

N 720

KITA-GAVA OUTA-MARO

N° 719

HORIOU-SAI

N° 308

OUTA-MARO

N° 702

OUTA-MARO

N° 700

SHOUN-YEI

N° 587

OUTA-MARO

N° 701

TOYO-KOUNI I

N° 345

TOYO-KOUNI I

N° 344

OUTA-MARO

N° 700

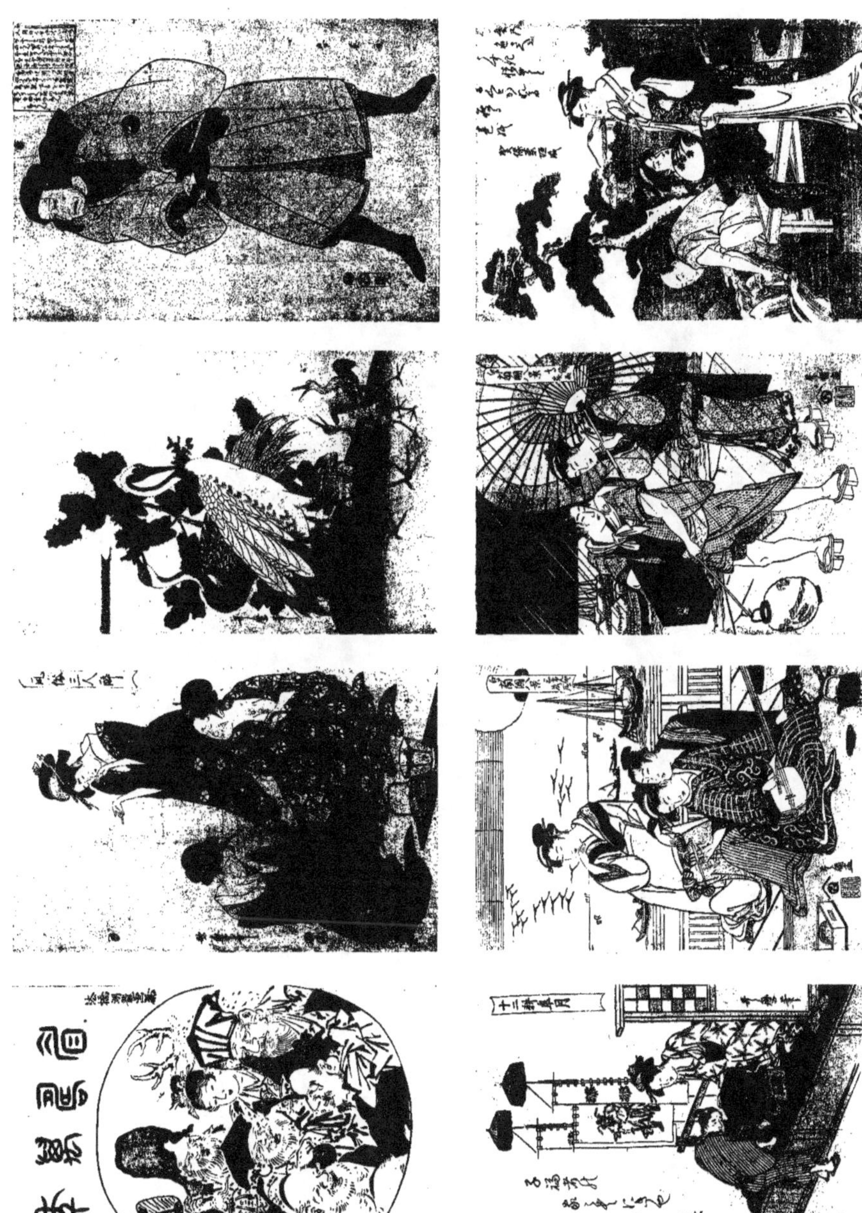

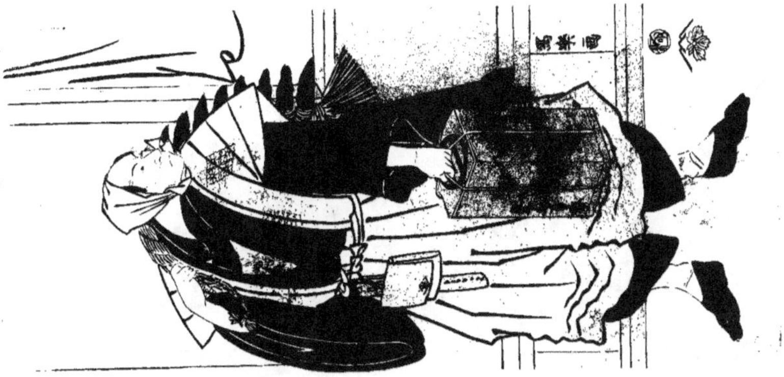

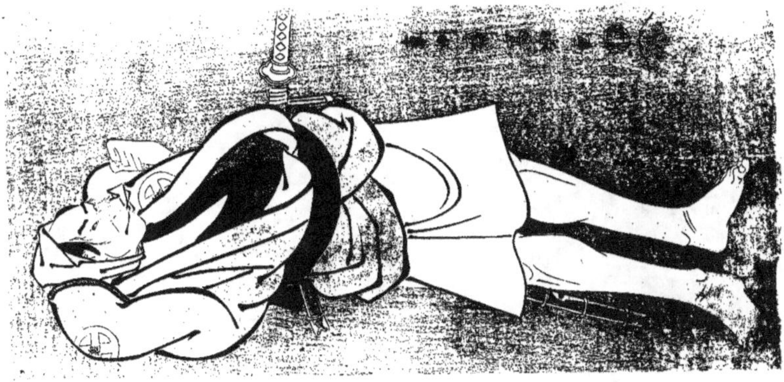

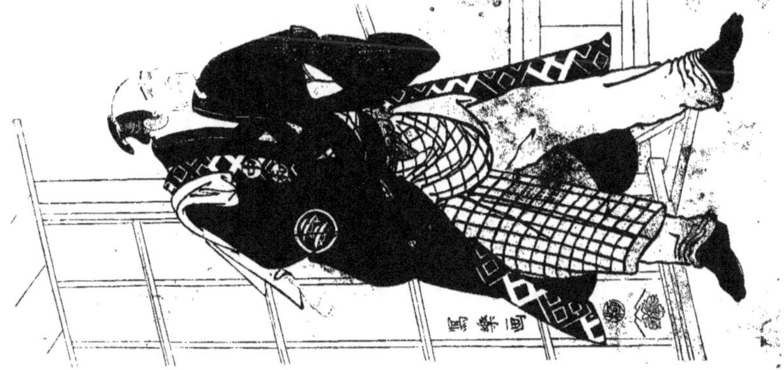

KITA-GAVA OUTA-MARO

1753-1806

OUTA-MARO, natif de Yé-do, a porté les noms vulgaires (ou surnoms) de You-souké et de Shi-wokou. Après avoir rempli une petite fonction dans l'administration du gouvernement shogounal, il se démit de son emploi et alla loger près du pont de Bën-keï, chez un marchand d'estampes nommé Tsouta-ya Jiou-zabou-rô. Il étudia les premiers éléments du dessin chez Tori-yama Séki-yën [1], puis suivit la manière des Ka-no [2] et finalement s'adonna à la peinture vulgaire. Outa-maro a fondé une école particulière, suivie par de nombreux élèves. Il acquit une très grande habileté, exécuta des dessins de fantaisie et un grand nombre d'estampes dans un sentiment très personnel. On peut dire qu'il s'éleva à l'apogée de la beauté dans l'estampe moderne. Sa réputation s'étendit à tout le Japon [3] et même aux pays étrangers. Il représentait admirablement les mœurs populaires des hommes et des femmes de son temps; mais jamais il ne consentit à faire des portraits d'acteurs et il disait à ce propos : « La grande mode « dont jouit le théâtre et le désir de plaire tant aux hommes qu'aux femmes, aux « jeunes et aux vieux, qui subissent l'attraction des divers acteurs, ont poussé certains « artistes à faire les portraits de ceux-ci. J'estime qu'emprunter la notoriété des grands « comédiens, pour étendre sa propre réputation, est un vilain procédé. Moi, je suis « "peintre japonais" et je me ferai connaître en tous lieux par mon "genre courant" « de peinture vulgaire seulement ». Lorsque Itchi-kava Ya-ô-zo joua "O-han Tcho-yé-mon" [4], pièce dans laquelle cet acteur trouva le meilleur rôle de toute sa vie, Outa-maro fit une estampe représentant la rivière Katsoura et la scène dans laquelle les deux amoureux partent ensemble. Il exécuta, dans le genre "bi-jïn gwa" (dessin de jolies femmes), cette planche qui devint célèbre, au point que tout le monde s'en disputait les épreuves. Une épigraphe accompagne la composition. Elle marque une intention satirique à l'adresse des artistes vulgaires de l'époque, que le maître a montré agités d'un mouvement d'ensemble, comme les fourmis. Il a voulu les railler vertement de suivre tous la même voie, en reproduisant les physionomies et les gestes des acteurs favoris du public. Outa-maro a fait preuve d'un véritable talent dans la peinture des "shoun-

---

(1) TORI-YAMA SÉKI-YEN, dont le nom personnel était Toyo-Fousa, commença par étudier chez Ka-no Tchika-nobou. Plus tard il modifia son style, s'adonna à l'ouki-yo-é, dans lequel il se fit une manière très personnelle et ouvrit une école pour l'enseigner. Il est mort à 76 ans, dans la 6ᵉ année de Tën-mei (1786).

(2) Suivant les uns, il aurait appris la manière des Ka-no avant d'entrer chez Séki-yën; selon d'autres, ce serait de ce dernier qu'il aurait reçu les principes de la grande école shogounale.

(3) L'expression japonaise : « Son nom s'étendait dans l'intérieur de la mer » est originale autant que belle. Les pays étrangers étaient hors de la seule mer qui intéressât les habitants du Ni-pon.

(4) Le titre de cette pièce est formé des noms de deux amants célèbres par leurs malheurs. O-han, jeune fille de bonne maison, avait accueilli et partagé l'amour de Tcho-yé-mon, serviteur de son père. Contrariés par celui-ci dans leur tendre projet, les deux infortunés s'allèrent noyer dans la rivière de Katsoura qui coule près de Kyo-to.

-gwa ". On sait qu'il ne s'est pas tenu au seul art vulgaire; mais qu'il a rendu avec une grande fidélité les fleurs, les oiseaux, les insectes, les poissons, &c. Il a produit des livres illustrés si nombreux qu'il est difficile d'en établir le compte. L'ouvrage intitulé : " Yoshi-hara nën jiou ghio-ji " (ce qui se passe au Yoshi-hara dans le cours de l'année) obtint particulièrement les faveurs de la mode. Ik-kiou, l'auteur du texte de l'ouvrage, ayant écrit que « son succès était dû à la manière dont les occupations du Yoshi-hara y étaient décrites dans leurs moindres détails », Outa-maro, sous les yeux de qui tomba cette phrase, répondit que la vogue du livre devait être attribuée à l'esprit qu'avait montré dans son dessin l'auteur des illustrations. Entre le peintre et l'écrivain la querelle fut très vive et prouva, par son origine, à quel point Outa-maro était vaniteux. Il est vrai qu'il était considéré comme un artiste unique en son genre. Dans les dernières années de sa vie. il fit affaire avec des marchands en gros de livres illustrés qui, le voyant fort malade et pensant qu'il allait bientôt mourir, lui commandèrent un grand nombre de dessins pour la gravure. Ce fut vers cette même époque, que, pour avoir publié les dessins du " yé-hon Taïko ki " (la vie de Taï-ko illustrée), il reçut un blâme officiel et fut même condamné à la prison. A peine en fut-il sorti, qu'il tomba malade et mourut. On était alors dans la troisième année de Boun-ka (1806); Outa-maro avait 53 ans [1].

695. ✎ Naga-yé : Deux femmes portant de grands chapeaux, à la main ou sur la tête. — Signé : Outa-maro.

696. ✎ —— Ghésha accompagnée d'un serviteur qui porte son " shamisën " et un parapluie. — Idem.

697. ✎ —— Une jeune femme debout se regarde dans le dos de sa boîte à miroir; une autre est assise, la robe entr'ouverte. — Idem.

698. ✎ —— Deux jeunes femmes s'abritent sous un parapluie contre la neige qui tombe. — Non signé.

699. ✎ " Hoso-yé " : Kïn-toki, l'enfant rouge, à genoux, porte sur l'épaule sa hache ébréchée. Derrière lui, sa mère debout s'évente. — Signé : Outa-maro.

700. ✎ Petite estampe en hauteur : Une jeune femme debout, en costume clair et portant un vêtement noir sur le bras, fume sa pipette auprès d'un banc sur lequel sa compagne est assise. Un serviteur puise de l'eau au ruisseau voisin. — Idem.

701. ✎ —— Un jeune homme s'incline en présence d'une femme, à robe blanche décorée de dessins bleus, qui tient devant elle, sur un support, un objet dissimulé sous une étoffe violette. Auprès de la jeune femme sont deux bannières, dont l'une représente Sho-ki. (Tiré du " djou ni ko satsou ki ", travail des douze mois. Cette estampe symbolise le 5ᵉ mois.)— Idem.

702. ✎ Estampe en hauteur : Les trois formes de l'ivresse : la gaîté, la tristesse et la mauvaise humeur. — Idem.

703. ✎ —— Les teinturières. Deux longues jeunes femmes, debout auprès d'une étoffe violette tendue. — Idem.

704. ✎ —— La vieille femme de Taka-sago coiffe son mari. — Idem.

705. ✎ —— Jeune femme à coiffure blanche et sa servante portant deux arcs et des flèches. — Idem.

706. ✎ —— Deux grues et leurs petits devant un jeune pin. — Idem.

707. ✎ —— Une jeune femme, auprès de son amoureux, essuie furtivement une larme. Les personnages représentés ici sont O-han et Tcho-yé-mon, les deux amants désespérés. — Idem.

708. ✎ —— Deux jeunes femmes regardent une lanterne à ombres chinoises. — Idem.

SHA-RAKOU

N° 735 A

SHA-RAKOU

N° 728

SHA-RAKOU

N° 735 B

SHA-RAKOU

N° 730

SHA-RAKOU

N° 729

SHA-RAKOU

N° 734

SHA-RAKOU

N° 737

TORI-I KYO-NAGA

N° 247

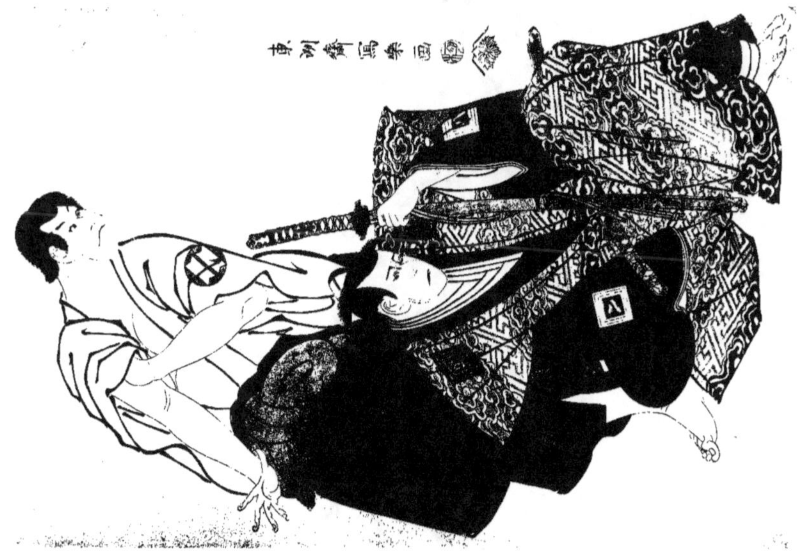

709. ❧ Estampe en hauteur. Deux amoureux, aux robes noires richement décorées de fleurs, s'abritent sous un parasol. — Signé : Outa-maro.

710. ❧ —— Un " ro-nïn " vient offrir un livre à une jeune femme que coiffe sa servante. — Idem.

711. ❧ —— Une jeune femme allaite son enfant. — Idem.

712. ❧ —— Un homme, coiffé d'une étoffe dont il tient un coin dans sa bouche, devise avec une jeune femme en l'abritant sous un parasol. — Idem.

713. ❧ —— Auprès des brancards d'un chariot, deux jeunes femmes, portant des arcs des carquois et, sur le poing droit, des petits bonnets laqués, en précèdent une troisième tenant à la main un éventail de cour et qu'on abrite sous un parasol auquel est suspendu un étui précieux. — Idem.

714. ❧ Estampe en largeur : Une ravissante créature saute au cou d'un jeune homme ébahi. — Non signé.

715. ❧ Douze estampes en largeur : " shoun-gwa " (sujets érotiques). — Idem.

716. ❧ Estampe en hauteur représentant, sur ses ballots de riz, Daï-kokou adossé au sac de Ho-teï. — Sur le cachet : Kita-gava.

717. ❧ Estampe en largeur : Les Six poètes. — Signé : Outa-maro.

718. ❧ Estampe en hauteur : Une servante se tient debout auprès d'une jeune mère qui se coiffe tout en allaitant son bébé. — Idem.

719. ❧ —— Kïn-toki, l'enfant rouge, coiffe sa mère Yama-ouba. — Idem.

720. ❧ —— Yama-ouba baise tendrement son fils Kïn-toki. — Idem.

721. ❧ —— Une courtisane et sa servante, toutes deux habillées de rose, s'occupent à faire un bouquet. — Idem.

722. ❧ Estampe en largeur; caricature du genre " Toba-yé " : Un cheval, portant un renard, renverse des passants. — Idem.

723. ❧ Estampe en hauteur : Deux jeunes danseurs portent, à l'aide d'un bambou, un seau laqué garni d'un arbuste fleuri. — Idem.

723bis. ❧ —— Deux jeunes femmes, l'une assise sur un banc, l'autre debout, causent en s'éventant. — Idem.

724. ❧ Trois feuilles en largeur représentant des animaux et des plantes :
A. — Sauterelle, limaçon et aubergines.
B. — Grenouilles et feuilles de lotus.
C. — Insecte disparaissant derrière une feuille de bégonia. — Ces trois planches bien connues ne sont point signées.

I-PITSOU-SAÏ BOUN-TCHO

Fin du XVIIIᵉ Siècle

YANAGHI BOUN-TCHO, peintre de Yé-do, qui a porté le nom personnel de To-ko et le surnom de I-pitsou-saï, apprit la peinture chez Ishi-kava Taka-moto et dessina avec talent les modes et les mœurs populaires de son temps. Très habile à peindre les gens de théâtre, il fit de l'acteur Ya-wo-zo IIᵉ un portrait très ressemblant. Boun-tcho fut nommé "Ho-kyo". On sait que, vers le nën-go Kyo-wa (1801-1803), il cessa de faire de la peinture vulgaire.

725. ❧ Estampe étroite en hauteur : Ho-teï caresse une jeune femme appuyée auprès de lui à son grand sac, derrière lequel est un enfant qui les surveille. — Signé : I-pitsou-saï Boun-tcho.

726. ❧ "Hoso-yé" : Deux portraits d'acteurs en pied. Femme debout; son costume est rose et blanc dans la partie supérieure, brun décoré de chrysanthèmes inférieurement. Le costume de l'homme est rose palmé de blanc supérieurement, gris, décoré de feuilles d'érable rouges dans le bas. — Signé : Boun-tcho.

727. ❧ Feuille étroite et basse : Deux bustes d'acteurs dans des médaillons; l'un deux tient un bambou vert.

SHA-RAKOU

Commencement du XIXᵉ Siècle

Il a porté le surnom de To-shiou-saï, peut-être aussi ceux de Ka-bou-ki-do [1] et de To-shiou-wo, et les noms vulgaires de Saï-tô et de Jiou-ro-bè-é. Après avoir été danseur de "no" chez un seigneur de la province de A-wa, il vint demeurer à Ye-do, dans la rue Hat-tcho bori. On ignore de qui Sha-rakou reçut des leçons de dessin; mais on sait qu'il était arrivé à traduire les physionomies d'acteurs avec une ressemblance telle qu'elle fut jugée trop exacte et que cela l'empêcha de gagner la faveur du public. Aussi n'a-t-il guère produit que pendant une année. On sait que Sha-rakou vivait vers le "nën-go" Boun-seï (1818-1829).

(1) C'est le livre A qui nous donne ce surnom et le suivant. — Les trois premiers caractères " ka-bou-ki " de cette appellation signifient : théâtre. On peut supposer que la spécialisation de Sha-rakou dans la " peinture d'acteurs " lui avait fait donner ou prendre ce surnom. A ce propos, disons que l'on trouvera un peu plus loin une notice consacrée à un artiste qui porta exactement ce même surnom accompagné de Yën-kyo. On verra que ce dernier produisit des œuvres semblables à celles de Sha-rakou, tant au point de vue du choix du sujet que de la manière de le traiter, et qu'il ne travailla de même que durant une année à peine, son talent n'ayant pas été goûté du public, qui lui reprochait aussi de faire des portraits d'acteurs trop ressemblants. Ajoutons que Ka-bou-ki-do Yën-kyo vivait à la même époque que Sha-rakou. Fut-il le précurseur, le professeur de celui-ci ? Nous l'ignorons; mais nous ne serions nullement surpris que ces deux artistes fussent la même personne.

(2) Les " no " sont des représentations théâtrales, composées de musique et de danse, dans lesquelles les acteurs sont masqués.

(3) Les principaux acteurs dont Sha-rakou a fait les portraits sont : Hakon-yën V', Koshi-rô, Han-shi-rô, Kikou-no-jô, Naka-zo, Tomi-jiou-ro et Womi-ji. Tous sont représentés en buste sur fond de " ki-ra " (poudre à base de mica qui prend des tons de vieil argent. On appelle ces estampes des " Ki-ra-yé " — peintures micacées).

SHA-RAKOU

N° 740

SHA-RAKOU

N° 741

SHA-RAKOU

N° 739

SHA-RAKOU

N° 738

728. 🙰 Format "hoso-yé" : Acteur en femme, debout sous un érable soulevant les larges manches de sa robe noire fleurie de blanc. Signé : Sha-rakou.

729. 🙰 —— Acteur en femme se cambrant dans un ample vêtement de ton fauve qui recouvre son bras gauche; la main droite tient un éventail ouvert. — Idem.

730. 🙰 —— Acteur, en joueur de tambourin, exécutant un pas de danse. — Idem.

731. 🙰 —— Acteur, en "homme, à deux sabres", passant une main derrière sa tête entourée d'un foulard. — Signé : To-shiou-saï Sha-rakou.

732. 🙰 —— Acteur, en marchand ambulant, une boîte à la main, une charge sur l'épaule. Robe rouge quadrillée. — Signé : Sha-rakou.

733. 🙰 Homme, vêtu de rouge, les jambes écartées. — Idem.

734. 🙰 Femme, en robe chamois décorée d'éventails, une main levée à hauteur de tête. — Idem.

735. 🙰 Deux "hoso-yé" d'acteurs : A. Personnage, en robe vert clair rayé de blanc, faisant des gestes animés. — B. Jeune seigneur, la main droite sur la poignée du sabre, la gauche soulevant une pochette ornée de glands. — Idem.

736. 🙰 —— A. Homme en rouge tirant son sabre. — B. Femme en costume de ville devant une baie par laquelle on aperçoit un cerisier fleuri. — Idem.

737. 🙰 Estampe en hauteur : Deux acteurs en pied. Un personnage, qui relève la manche de son vêtement blanc, se tient debout derrière un " samouraï " accroupi tenant de la main gauche son grand sabre appuyé à terre. — Signé : To-shiou-saï Sha-rakou.

738. 🙰 —— Deux figures d'acteurs à mi-corps : L'un d'eux nous montre une tête ronde et boursouflée au nez en trompette, contrastant avec la face osseuse au nez busqué de son interlocuteur. — Idem.

739. 🙰 —— Buste d'acteur, de trois quarts à droite, la tête en avant, les deux mains ouvertes, les doigts écartés. Robe brune rayée de jaune. — Idem.

740. 🙰 —— Buste d'acteur, de trois quarts à droite; tête charnue, main appuyée sur le pommeau du sabre, vêtement de ton fauve au collet noir. — Idem.

741. 🙰 —— Buste d'acteur, de trois quarts à gauche, il roule des yeux et fait une moue terribles en se grattant la saignée du bras gauche. Robe noire pointillée de blanc. — Idem.

742. 🙰 —— Buste d'acteur (l'homme au grand nez), tourné de trois quarts à droite, portant une robe verte et un petit bonnet laqué; il tient un éventail fermé de la main droite. — Signé : Sha-rakou.

743. 🙰 —— Buste, de trois quarts à gauche, d'un acteur vêtu, sous un manteau jaune, d'un " kimono " violet clair au " mon " représentant une grue. Il tient à la main une lanterne. — Signé : To-shiou-saï Sha-rakou.

KA-BOU-KI-DO YËN-KYO

C'était "un vrai peintre d'ouki-yo-é" qui vivait vers le "nën-go" de Kwan-seï (1789-1800). Il ne dessina que des portraits d'acteurs et, quoiqu'il les fît très ressemblants, il ne parvint pas à conquérir le goût du public. Aussi, après avoir travaillé pendant près d'une année, renonça-t-il à la peinture.

744. 🙰 Grand format en hauteur : Portrait d'acteur dans un rôle de femme. — Signé : Ka-bou-ki-do Yën-kyo.

<hr>

(1) Le livre A ne mentionne pas ce peintre, mais dit que Saï-to Sha-rakou porta le surnom de Ka-bou-ki-do. Cela pourrait donner à penser que Yën-kyo et Sha-rakou n'ont été qu'un seul et même artiste; surtout si l'on rapproche les détails si semblables de leurs existences. Nous ne nous croyons pas le droit toutefois de trancher la question. Mais nous reproduisons une figure d'acteur qui témoigne d'une extrême similitude de manière dans les œuvres portant l'un ou l'autre nom.

INCONNUS

745. ✥ Grande estampe en hauteur : La naissance de Bouddha. Les dieux descendent du ciel pour venir l'admirer; des dragons lui versent l'eau des nuages sur la tête. Le roi, son père, se fait porter jusqu'à l'endroit où il est assis pieusement sur un lotus épanoui; tous les hommes, les animaux eux-mêmes, se réjouissent. A quelques pas de sa station première, on voit l'enfant prédestiné commencer sa prédication. ▩ Haut. : 0"48; larg. : 0"31.

746. ✥ Toute petite estampe en hauteur : Courtisane sortant de derrière un rideau qui couvre encore à moitié sa " kamouro ".

747. ✥ Estampe minuscule en largeur. Jeune femme assise lisant une lettre.

748. ✥ "Naga-yé" : Jeune femme rajustant son vêtement, avec le bas duquel joue un jeune chat.

749. ✥ —— Yama-ouba taquine son fils Kin-toki, en lui tenant haute une tortue que l'enfant souhaite ardemment posséder.

750. ✥ Grande estampe en largeur : Une charitable princesse fait la toilette d'un pauvre vieux lépreux, malgré l'horrible odeur qu'il exhale. ▩ Larg. : 0"44; haut. : 0"32.

751. ✥ —— Européen, chameliers et chameaux. ▩ Haut. : 0"31; larg. : 0"44.

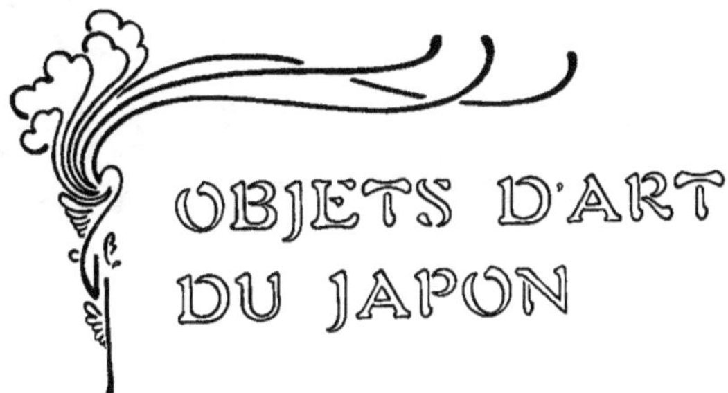

OBJETS D'ART
DU JAPON

N° 813

N° 752

N° 851

SCULPTURES

Divers

752. ❧ Statue de la déesse Kwa-non. Bois sculpté laqué et doré. Une notice historique, que nous avons pu nous procurer, nous apprend que « c'est dans le temple Eï-sho-ji, à Kama-koura, que cette image de Kwa-non a été respectueusement consacrée. Le cinquième mois de la onzième année de Keï-tchô (juin 1606), Hoso-kava Et-tchou no kami Tada-toshi, qui était un grand " Daï-myo ", pria le temple de lui donner cette image, qui fut plus tard déposée par lui dans son temple, appelé Myô-kaï-in, à Shina-gava, durant la douzième année de Shô-ho (1645). »

753. ❧ Bœuf couché tournant légèrement la tête. Bois sculpté et laqué. — XVIII' siècle.

754. ❧ Deux extrémités de poutres représentant des " shi-shi " (lions chimériques) vus dans la moitié antérieure de leurs corps, les pattes projetées en avant sous leurs têtes féroces. Bois sculpté et peint. — XVII' siècle.

755. ❧ " Sabre de médecin ", c'est-à-dire : simulacre de poignard. Cet accompagnement du costume japonais, qui rappelle vaguement (par sa forme seulement) un poignard, représente l'homme aux longs bras tendant une branche de corail (?) à l'homme aux longues jambes dont les membres supérieurs sont tout juste assez longs pour la saisir. Bois sculpté du XVIII' siècle.

Masques

756. ❧ Très vieux masque-applique représentant la déesse Ya-sha. L'extrême puissance du modelé, obtenu par des moyens assez simples cependant, la belle patine mise par le temps sur ce vieux bois, qui porte encore des traces de peinture, en font un précieux objet d'art. Tous les caractères sont accentués vers la férocité, même le rire de la bouche si largement ouverte. Une inscription, ancienne déjà, porte : « Donné à Miedzou-no, vieillard de soixante-six ans, par le temple Ko-to-ji dans le village de Mé-gouro (à Yédo). » Bois sculpté. — XIII' siècle.

757. ❧ Masque de " Ghi-gakou ". Personnage riant. Les arcades sourcilières forment un croissant à concavité supérieure accentuée. Les yeux, les narines du nez busqué et pointu largement dilatées et la bouche tendent à dessiner la même courbe. Les pommettes très saillantes accusent l'énergie un peu bestiale du rire. Dans les yeux, la place des iris est seule évidée. La vie intense, exubérante, est admirablement rendue par une exécution large et puissante. Bois sculpté peint en vert foncé. — Idem.

758. ❧ Même personnage. L'exécution est aussi libre et aussi forte ; l'expression est à bien peu près la même. Bois sculpté peint en rouge sombre. — Idem.

759. ❧ Même personnage ; mais faisant une moue méprisante, un peu irritée toutefois. La facture de ce masque est aussi puissante que celle des deux masques précédents ; la vie aussi simplement et pleinement rendue. Bois sculpté peint en rouge foncé. — Idem.

760. ❧ Vieux masque-applique. Vieillard au front, de forme assez pure, creusé de rides profondes cependant ; rides accentuées aussi sur les pommettes saillantes, autour des commissures buccales, et sur toute la mâchoire inférieure. Le nez n'est point exagéré comme dans les masques précédents ; les yeux et la bouche, aux dents longues et rares, sont de dimensions plus exactes aussi. Plus de stylisation dans cette face placidement aimable, très vivante certes et que nous croyons avoir rencontrée cent fois chez nous aussi bien qu'au Japon. Bois sculpté recouvert de peau et orné de crins. Les yeux, faits d'une manière vitreuse, ajoutent singulièrement à l'expression de vie.

761. • Masque de " No " représentant Ha-nia. Front fuyant et cornu, yeux saillants dans des orbites assez creuses, nez à la fois épaté et busqué, bouche largement ouverte montrant des dents redoutables, pommettes accentuées, menton proéminent et pointu, tels sont les caractères principaux de ce démon femelle, à la face rosée, dont les yeux dorés, ainsi que les dents, ajoutent à l'expression de sa férocité sauvage. Bois sculpté et laqué. — XVII⁰ siècle.

762. • —— du type " mambi ". Jeune femme noble souriant, exprimant la joie de vivre dans sa physionomie toute charmante. Bois laqué. — Fin du XVII⁰ siècle.

763. • —— à la mèche frontale tombante et s'épanouissant finalement en éventail. Physionomie rieuse et un peu gouailleuse même. Autant de bonne humeur mais de pire aloi et de moindre distinction que celle du masque précédent. La même vie et la même justesse d'expression s'y remarquent toutefois. Bois sculpté et laqué. — Idem.

764. • —— à la physionomie douloureuse. La femme, jeune encore, qu'il représente contraste étrangement avec les deux précédentes. Elle sourit tristement, ayant plutôt coutume de pleurer, sans doute. Elle aussi fut admirablement surprise dans la vérité de la vie par l'artiste qui la portraitura. Bois sculpté et laqué. — Idem.

Nédzouké

765. • Masque : Guerrier au chef surmonté d'un casque dont le cimier est composé d'un disque et de deux antennes. Fer. — XVII⁰ siècle.

766. • —— Le dieu Daï-kokou, dispensateur des richesses, représenté coiffé de son bonnet. Fer. — Idem.

767. • —— Personnage glabre à l'expression sensuelle; physionomie très vivante. Bois attribué à l'un des premiers Dé-mé. — Idem.

768. • —— Ha-nia, la bouche largement ouverte, regarde férocement. Bois; les yeux sont en bronze. — Signé : I-sën. — XVIII⁰ siècle.

769. • —— Même représentation, plus sauvage de facture et d'expression. Bois. — Idem.

769bis. • —— Même personnage. Face plus nettement triangulaire, plus trapue aussi. Canines très développées au maxillaire supérieur. Bois. — Idem.

770. • —— Même personnage. Rire cruel de sa grande bouche aux longues canines. Bois d'un beau travail. — Idem.

771. • —— Même personnage. Les trois quarts supérieurs de la face sont seuls représentés ici. Bois. — Idem.

772. • —— Le chef des démons bandits de O-yama. Front bas et bossué fortement; expression bestialement cruelle. Bois. — Idem.

773. • —— O-kina, vieillard à la face ridée. Simulation d'articulation de la mâchoire inférieure. Bois noir. — Signé : Dé-mé Taï-man. — Idem.

774. • —— O-kamé, au front et aux joues exagérément proéminents. Bois. — Signé : San-sho. — Idem.

775. • —— O-kamé grasse et rieuse au front très développé, aux joues rebondies. Bois recouvert de laque d'argent extérieurement, de laque noir sur les cheveux et la partie postérieure, de laque rouge enfin dans la bouche. — Idem.

776. • —— La même, moins en charge que les précédentes. Elle rit de tout son cœur, d'un rire enfantin. Bois naturel. — Idem.

777. • —— La même, riant presque sans ouvrir sa bouche minuscule, qui paraît plus petite encore entre ses joues rebondies creusées de fossettes. Porcelaine blanche. Émail rouge sur les lèvres, noir sur les cheveux et dans les yeux. — Idem.

778. • —— Personnage glabre portant au front un bonnet minuscule plissé et attaché par un bandeau. Terre laquée en rouge et noir. — Idem.

N° 758

N° 757

N° 759

N° 761

N° 756

N° 762

N° 764

N° 760

N° 763

779. ❧ Deux masques, dont l'un appliqué sur l'autre cache une partie de celui-ci. O-kina portant deux touffes de poils au front et autant aux commissures des lèvres; O-kamé (le masque en partie recouvert) semble rire derrière lui. Poterie de Rakou, colorée en jaune pour le vieillard et en rouge pour O-kamé. — XVIII⁵ siècle.

780. ❧ Groupe de sept masques, dans lequel on retrouve plusieurs des masques ci-dessus décrits, Ha-nia et le bandit de O-yama, entre autres. Bois. — Idem.

781. ❧ Même représentation, de taille un peu plus petite et de couleur plus foncée. Bois. — Idem.

782. ❧ Groupe de neuf masques et d'un éventail taillé dans une rotule de cerf (?). — Idem.

783. ❧ Guerrier chinois légendaire assis. Bois. — Idem.

784. ❧ Sho-ki se reposant de sa chasse aux démons sur le sac dans lequel il les a renfermés. Ceux-ci s'efforcent d'en sortir. Bois. — Idem.

785. ❧ Homme occupé à laquer un gros grelot qu'il tient devant lui. Bois laqué. — Idem.

786. ❧ Ho-teï, le dieu protecteur des enfants, derrière son grand sac. Bois. — Idem.

787. ❧ " Shiou-jïn " (c'est le président d'un groupe de tcha-jïn — membres d'une réunion de thé —) préparant le thé de cérémonie (tcha no you). Bois laqué. — Idem.

788. ❧ Danseur de " no " masqué, tenant un éventail. Bois laqué. — Idem.

789. ❧ Homme assis sur une rondelle, taillée dans un arbre ayant conservé quelques branches. Il tient un vase sur sa jambe gauche repliée. Le dessous a la forme d'une noix coupée. — Bois signé : O-shioun-saï Masa-yoshi. — Idem.

790. ❧ Daï-kokou, le dieu de la richesse, pilant du riz dans un mortier. Porcelaine de Do-hatchi blanche, bleue et verdâtre. — Idem.

791. ❧ O-kamé tenant une branche de chrysanthème. Faïence revêtue d'émaux, gris sur le vêtement, noir sur les cheveux. — Idem.

792. ❧ Aboura-bozou (le bonze de l'huile) tenant en main une de ses sandales. Bois. — XIX⁵ siècle.

793. ❧ Souris rongeant des haricots dans leur cosse. Bois. — Signé : Ik-kan. — XVIII⁵ siècle.

794. ❧ Ki-rïn, animal fantastique des légendes chinoises. Bois. — Signé : Ik-kan. — Idem.

795. ❧ Chèvre couchée. Bois. — Signé : Masa-itchi. — Idem.

796. ❧ Lapin debout se retournant. Bois de cerf. — Signé : Tani. — Idem.

797. ❧ Melon. Bois. — Idem.

798. ❧ Groupe de trois châtaignes dont l'une très aplatie. Bois d'une belle patine brune. — Idem.

799. ❧ Groupe de deux châtaignes dont l'une, plus grosse, est percée d'un trou de ver. Bois. — Idem.

800. ❧ Souris dans un rouleau de corde. Bois. — Idem.

801. ❧ Nédzouké bouton. Vol d'oies descendant la nuit, au clair de lune, vers un ruisseau. " Shibouitchi " or et argent. Monture en bois foncé. — Signé : Katsou-hisa. — Idem.

802. ❧ —— Le vieux et la vieille de Taka-sago auprès de leur pin aussi âgé qu'eux-mêmes. " Shibouitchi " gravé; monture en ivoire. — Idem.

803. ❧ —— Daï-kokou représenté avec une grande barbe. " Shibouitchi " gravé et incrusté d'or. Monture en ivoire de narval. — Idem.

804. ❧ —— Pivoine sous la pluie. Fort relief. " Shibouitchi ", argent et or. Monture en ivoire. — Idem.

805. ❧ —— La femme hercule arrêtant un cheval indompté, en posant le pied sur sa longe qui traîne. Ivoire encerclé de " shibouitchi ". — Signé derrière : Nori-zané. — Idem.

805bis. Coulant, fait d'un noyau de pêche (?), représentant une troupe de singes dans les mouvements les plus divers. — Idem.

805ter. —— en faïence affectant la forme d'un coquillage. Couverte crème sur laquelle sont dessinés en bleu des paysages. — Idem.

CÉRAMIQUE

Chine

806. Cachet en porcelaine recouverte d'émaux blanc et rouge. La poignée représente un « ki-rïn », animal fantastique. Ce petit bibelot d'une facture très large, très puissante même, et d'un goût exquis, a été exécuté par un artiste, de nom et d'époque inconnus, doué au suprême degré du sens décoratif.

806bis. "Foudé-taté" (porte-pinceaux), en terre violette, à section carrée, portant sur deux de ses panneaux un paysage et sur les deux autres un dragon. Derrière ceux-ci un dessin très délicat représente les flots de la mer. Les pieds sont revêtus d'émail brun et le cadre des panneaux de blanc piqueté de bleu. — XVIIIe siècle.

806ter. Mizou-iré (compte-gouttes) en porcelaine blanche de Nan-kïn. Tortue de mer, à queue. — Idem.

Annam

806^{quater}. "Ko hana-iké" (petit pot à fleurs). Bouteille à goulot assez large et à pieds. La panse est décorée de deux branches de prunier fleuri. La couverte comporte des bruns, des jaunes et des verts admirablement fondus dans des taches du plus heureux effet. Poterie annamite. — XVIe siècle.

Corée

807. "Tcha-iré" (pot à thé) dont la forme rappelle celle d'une figue un peu comprimée dans le sens vertical. Terre très fine, à couverte gris verdâtre d'un ton délicat ; la partie supérieure de la panse est entourée d'une frise de grues très largement et habilement dessinées. C'est une pièce d'un goût remarquable tant par la forme que par la couleur. — XVIe siècle.

807bis. "Kashi-ki" (plat à gâteaux) en "Ko-ma yaki" (cuisson de Ko-ma — localité coréenne —). Coupe évasée à couverte crème, d'un ton délicat et très finement craquelée. Un ornement, en relief de rinceaux très simples, répété cinq fois dans la surface intérieure de cette pièce charmante, ne contribue pas peu à sa beauté. — Idem.

Japon archaïque

808. Vase très archaïque modelé, avant l'usage du tour, dans un caractère éminemment simple. D'un aspect massif, cette pièce rare présente une forme ovoïde brutalement pétrie, sauf au col nettement indiqué. Terre rougeâtre à couverte noire. Haut. : 0^m10. — VIIe siècle.

N° 769bis   N° 774   N° 768   N° 767   N° 770   N° 772

N° 765   N° 769   N° 775   N° 779   N° 776   N° 778   N° 766

N° 792   N° 787   N° 791   N° 788   N° 783   N° 796   N° 785

N° 798   N° 797   N° 795   N° 793   N° 794   N° 784

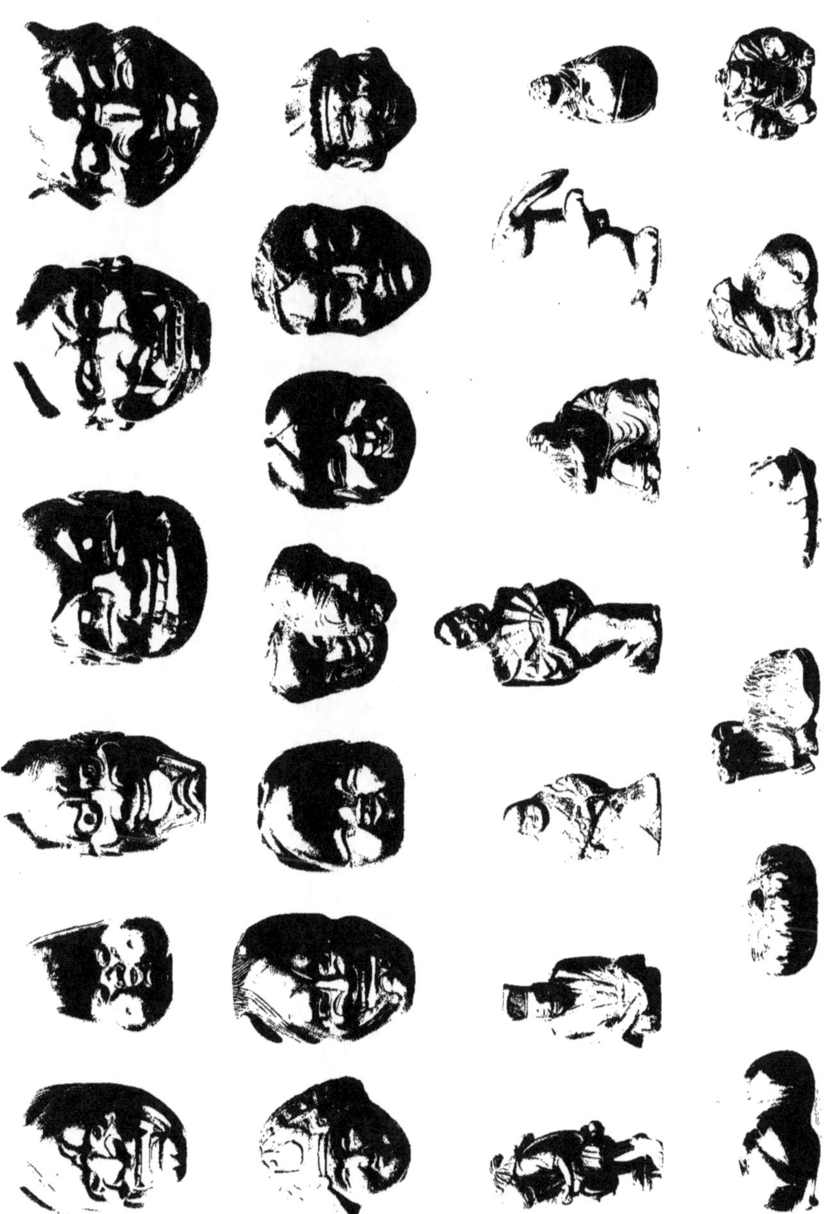

809. Ce grand pot, largement tourné en forme d'urne, porte en relief à sa partie supérieure une sorte d'anneau très étroit et quatre saillies. La décoration est complétée par de nombreuses lignes peu profondes, rayonnantes entre l'anneau et le col, verticales sur le reste de ce vase d'une extrême rareté. Couverte noire. Haut. : 0″31. — VIII siècle.

810. Pot de forme trapue et de bonne assiette. Le profil simple et bien arrêté du col est très élégant. Terre rougeâtre à couverte noire. Haut. : 0″105. — Idem.

811. Pot à panse sphérique d'une silhouette robuste, en terre grisâtre ornée par places d'une couverte jaune transparente. Un anneau de fer, mis postérieurement, a transformé ce vase en porte-bouquet. Haut. : 0″10. — Idem.

812. Bouteille aplatie au col évasé. Garnie de deux anses et destinée à être suspendue, elle est faite d'une terre gris foncé et porte comme décoration, sur la panse, les traces du tour très nettement marquées. Haut. : 0″235. — Idem.

813. "Shi-shi", en terre cuite de Na-ra, se tenant debout sur ses quatre pattes, tournant un peu le corps et surtout la tête vers la gauche, en faisant le gros dos à la façon des chats. La facture de cette pièce, admirable d'exécution dans le détail comme dans l'ensemble, est d'une largeur et d'une sûreté sans égales. L'artiste qui l'a conçue était certainement imbu de l'esthétique coréenne, car ce "shi-shi" ne ressemble guère à ceux que les Japonais ont produits depuis. La pièce porte des traces de couleur et de dorure. — X siècle.

Ko Sé-to

814. "Tcha-iré", du genre "koutchi haghé-té", de forme trapue, cylindro-conique, un peu écrasée dans le quart supérieur, décorée d'un anneau mince en partie usé et de reliefs lenticulaires. Terre assez grossière, revêtue d'une couverte noire à peu près disparue. La base du col "coupé" est laquée en brun très foncé. Œuvre de Ka-to Shiro-ʒa-yé-mon (To-shiro I"). Haut. : 0″076. — XIII siècle.

814ᵇⁱˢ. Porte-bouquet applique, de forme à peu près cylindrique, aplati en arrière et marqué en avant de deux coups d'outil verticaux, qui intéressent des nervures circulaires décorant la pièce de haut en bas. Sur la couverte brune, un émail jaune accentue les nervures et semble dessiner des vascularisations. Une belle coulée blanchâtre descend du goulot, particulièrement en avant. Haut. : 0″123. — XVI siècle.

815. "Tcha-iré" tronconique, à nervures circulaires. Terre foncée à couverte brune émaillée de jaune et de vert sombre. Haut. : 0″11. — XVI siècle.

816. "Ma-tcha-iré" trapu, en terre grisâtre revêtue d'émail brun verdâtre, épais, sombre, mat et tachée de jaune. Haut. : 0″72. — Idem.

817. Statuette de Ho-teï, assis sur une pierre. Celle-ci est recouverte d'un bel émail vert. Le manteau du dieu est jaune et ses chairs replètes laissent voir la terre grisâtre très fine, légèrement teintée de rouge. La pose du corps et l'expression de la figure sont très vivantes. Haut. : 0″18. — Fin du XVII siècle.

818. "Tcha-iré" en forme de barillet orné d'un col. Sur la couverte brun clair ont coulé des émaux jaune et brun foncé. Haut. : 0″09. — XVII siècle.

819. "Hashi-taté" (m. à m. : Baguettes debout). Petite bouteille à large et haut col cylindrique, surmontant une panse ellipsoïdale. L'émail, brillant au col et plus mat sur la panse, présente diverses teintes de bruns et d'ocres. Il est surémaillé de bruns plus sombres. Haut. : 0″11. — Idem.

820. "Shakou-taté" (cuiller debout). Petit vase tronconique, massif et élégant à la fois, couvert d'un émail épais, truité de brun et de rouge sombre, sur des gris jaunâtres. Haut. : 0″125. — Idem.

821. "Tcha-iré" de forme très simple, un peu trapue. La terre en est d'excellente qualité. Sur un côté, des coulées brunes, riches et chaudes, laissent transparaître en un point le craquelé magnifique d'une première couverte blanchâtre. Ailleurs des coulées très épaisses, bleues ou jaunâtres, se marient fort heureusement à des coulées d'un brun profond. Haut. : 0″05. — XVI siècle.

Ki Sé-to

822. "Oki-mono" (objet d'ornement). Statuette représentant Hito-maro, le célèbre poëte japonais, assis sur son talon gauche, le poing droit sur le genou droit relevé, le bras gauche sur un appuie-main. Terre blanche entièrement émaillée de jaune grisâtre, sauf à la chaussure et au bonnet qui sont bruns. Haut. : 0″27. — Fin du XVIII siècle.

Sé-to

823. ❧ Ce charmant petit "ko-go" à forme de fruit, modelé en porcelaine blanche, gracieusement tachée de dessins bleus, selon la mode des décorations anciennes (fleurs, papillons, *etc.*), a été, croit-on, fabriqué au Japon au XVIII⁰ siècle. ▦ Diamètre : 0ᵐ6.

823bis. ❧ « Tcha-iré » à couverte d'un brun jaunâtre. Une tache blanche triangulaire, à base supérieure, descend du col au centre. Deux petites anses ajoutent encore à l'élégance de sa silhouette. — Idem.

Bi-zën

824. ❧ "Itchi-rin-zashi" (porte-branchette en forme d'aubergine). Couverte brune surémaillée de jaune mat et de brun foncé brillant. ▦ Haut. : 0ᵐ08. — XVII⁰ siècle.

825. ❧ "Mizou-iré" (pot à eau, compte-gouttes). Statuette très délicate, puissante et large de facture en même temps, d'une intensité de vie singulière. Elle représente Lo-ci. ▦ Longueur : 0ᵐ10. — Idem.

826. ❧ "Tetsou ki sara" (assiette à poignée). Pièce très vigoureusement modelée, non sans grâce toutefois, et émaillée largement de brun taché de vert. ▦ Diamètre : 0ᵐ18. — Idem.

827. ❧ "Ko-ro oki-mono" (ornement brûle-parfums). Deux cailles sur une rave. Grès brun lacheté de jaune. ▦ Haut. ; 0ᵐ22. — Idem.

828. ❧ "Hana-iké" (vase à fleurs). Gourde de forme massive. Grès brun légèrement granité de jaune. ▦ Haut. : 0ᵐ225. — Idem.

829. ❧ Grand porte-bouquet, de forme un peu tronconique, renflé circulairement au-dessous du goulot légèrement évasé. Sur le renflement, deux simples boulettes de grès, appliquées avec un goût remarquable, augmentent singulièrement la grâce forte de la pièce décorée de nombreux traits circulaires horizontaux et d'un piqueté jaune. — Idem.

830. ❧ "Hana-iké" (vase à fleurs). En forme de gourde, ce joli grès est tout granité de jaune sur sa couverte brune. — XVIII⁰ siècle.

831. ❧ "Oki-mono". Ce charmant bibelot, en grès très fin, à couverte brune piquetée d'émail jaune, représente le Fouji-yama. ▦ Haut. : 0ᵐ075; long. : 0ᵐ12. — Idem.

832. ❧ "Kobo-shi" (pot à eau sale). Ce vase, d'une jolie proportion, est en grès à simple couverte brune, et porte, comme décoration, des points lenticulaires en triangle sur une ceinture à cannelures circulaires. Il a été fait par un ouvrier de la troisième génération des potiers de In-bé. ▦ Haut. : 0ᵐ11; diam. : 0ᵐ115. — Idem.

832bis. ❧ Statuette de Daï-kokou, assis sur trois sacs de riz, son marteau à la main. Grès brun rougeâtre. ▦ Haut. : 0ᵐ12. — Idem.

833. ❧ "Mizou-sashi" (pot à eau) de forme légèrement tronconique à renflement au-dessous du col. ▦ Haut. : 0ᵐ17; diam. : 0ᵐ16. — Idem.

834. ❧ "Ko-go" (boîte à parfums) en "ao Bi-zën" (Bi-zën vert) représentant un martin-pêcheur sur un tronc d'arbre. ▦ Haut. : 0ᵐ075. — Idem.

835. ❧ Porte-bouquet représentant Daï-kokou, le marteau à la main, montant sur un sac de riz. ▦ Haut. : 0ᵐ15. — Idem.

836. ❧ —— Tige et racine de bambou. Grès brun moucheté de jaune et d'un ton rougeâtre. ▦ Haut. : 0ᵐ14. — Idem.

837. ❧ "Mizou-sashi" en "ao-Bi-zën". Panse énergiquement bossuée et reliée au col par un bourrelet massif qui porte deux anses. Couverte jaune à reflets verdâtres avec quelques taches brunes du plus heureux effet. ▦ Haut. : 0ᵐ17; diam. : 0ᵐ20. — Idem.

838. ❧ Statuette d'un "ra-kan", prêtre indien, en prière. La pose est simple, vraie et d'un grand caractère. La tête très vivante a une expression grave. Grès à couverte jaune rougeâtre. ▦ Haut. : 0ᵐ155. — Idem.

N° 894   N° 908   N° 865   N° 918

N° 814   N° 811   N° 810   N° 808   N° 859

N° 874   N° 872   N° 807 bis   N° 892   N° 876

N° 877   N° 847   N° 855   N° 852   N° 848

N° 857   N° 900   N° 907   N° 858   N° 883

N° 887   N° 871   N° 895   N° 873   N° 881

839. — " Kaké-hana-iké " (porte-bouquet applique à anse) très brutal de structure et de beau caractère. Bossué savamment et rugueux sous sa couverte d'un vert assez riche, c'est un vase admirablement prêt à recevoir une branchette fleurie. — Idem.

840. — " Boun-tchïn " (presse-papier) en forme de canard nageant. Bi-zën brun rougeâtre. — XIX' siècle.

841. — Petit brûle-parfums en forme de " Shi-shi " (lion chimérique). Bi-zën brun mat. — Idem.

841bis. — " Mouko-dzouké " en forme de chauve-souris, en Bi-zën brun tacheté de jaune. — XVIII' siècle.

842. — " Tcha-wan " d'une forme gracieuse en grès brun violacé taché de noir. — Idem.

842bis. — Compte-gouttes représentant Ho-teï appuyé demi nu sur son énorme sac. Grès brun rougeâtre piqueté de jaune. — XVIII' siècle.

Rakou

843. — Porte-bouquet largement modelé, dans lequel la couverte rongée a fini par disparaître presque partout, laissant voir la terre. De grosses stries, horizontales sur le col et la panse, verticales à la partie inférieure, lui donnent un puissant caractère. Un anneau de fer sert à le suspendre. — XVII' siècle.

844. — Personnage à tête monstrueuse et à mains minuscules. Il est assis souriant et tient un éventail. C'est le dieu Foukou-souké, qui porte bonheur. La face est blanche ainsi que le cou et les " mon " du vêtement; le collet rougeâtre; le vêtement vert très riche dans sa partie supérieure et brun dans la jupe. Les cheveux sont noirs. — Idem.

845. — " Ko-dom-bouri ". Bol de forme quadrangulaire évasée. Émail blanc et vert. — Idem.

846. — Boîte à parfums de forme oblongue en " aka Rakou " (Rakou rouge), décorée d'une haie vive, par To-sa Mitsou-sada, frère de To-sa Mitsou-ôki. Couverte rouge. Dessin en émail blanc et vert. — Idem.

847. — " Matsou-cha (prononcez : Mat'tcha) dja-wan " d'une forme simple extrêmement réussie et d'un ton vert clair admirable à l'extérieur. L'intérieur est d'un brun verdâtre. — Idem.

848. — " Tcha-wan " en " aka Rakou ", par Hon-na-mi Ko-yetsou. Pièce d'un rouge éclatant admirablement harmonisé par des traînées d'émail blanc demi transparent. — Idem.

849. — " Oki-mono " représentant Dharma. Chairs d'un rouge profond ; vêtements, par places d'un rouge plus pâle. Modelée puissamment, cette statuette fort belle est attribuée sans injustice à Rit-sou-ô. — Idem.

849bis. — Petit masque de O-kamé, en Rakou brun rouge, servant de presse-papier. — Fin du XVII' siècle.

850. — Lièvre broutant. Couverte bleu clair, d'un ton fort riche. Les yeux sont émaillés de rouge. — XVIII' siècle.

851. — Statuette de Ho-teï, le dieu protecteur de l'enfance. Il est représenté, assis auprès de son sac, tenant de la main droite l'éventail directeur des luttes. Son large et franc rire, son ventre replet inspirent la joie. Tout le corps du dieu est émaillé de rouge; le sac est vert. Larg. : 0"55; haut. : 0"33. — Idem.

852. — Tcha-wan en vieux Rakou, à couverte jaune d'ocre, recouverte par places d'émail blanc. Sur celui-ci un paysage est tracé d'un côté, tandis qu'une poésie est écrite de l'autre.

853. — Deux pièces de Rakou représentant chacune deux coquilles posées en partie l'une sur l'autre. La supérieure est d'un rouge profond, l'autre grise et très heureusement craquelée. Trois petits pieds supportent la pièce. — Début du XVIII' siècle.

Ori-bé

854. — " Natsoumé gata-tcha-iré " (vase, en forme de fruit de jujubier, pour mettre le thé). Terre de belle qualité visible dans la partie inférieure. Couverte gris jaunâtre piquetée de brun, sur laquelle tombent de belles coulées brunes. — XVI' siècle.

855. ☙ " Kwa-shi-zara " (assiette à gâteaux). De coupe quadrilobée, elle est montée sur quatre pieds et présente des coulées, d'un vert admirable, mêlées d'un autre vert plus foncé, descendant sur une couverte grise à la riche craquelure. — XVII' siècle.

856. ☙ " Ko-tsoubo " (petit pot) de bonne forme trapue, non sans élégance toutefois. La terre visible dans une partie de ce joli petit objet est couverte d'un émail jaunâtre, sur lequel des coulées vertes ont envahi tout le goulot et le haut de la panse. Trois menus simulacres d'anses complètent la décoration. — XVIII' siècle.

Kara-tsou

857. ☙ " Tcha-wan " dit " haké-mé go-ki " (" haké-mé " signifie : ligne faite avec une brosse; " go-ki " est le nom de cette forme de tasse). Bol d'une ligne admirable, à couverte rouge et gris jaunâtre. Il est difficile de mieux s'assimiler l'art coréen. — XVI' siècle.

858. ☙ " Tcha-wan " dit " hori-dashi " (chose déterrée). Celui-ci rappelle encore un peu, par sa face externe, les " haké-mé " coréens; mais la partie concave présente une disposition plus unie de l'émail, qui a été peut-être en partie rongé, mais en tous cas merveilleusement harmonisé par son séjour sous terre. — Idem.

859. ☙ Ce " tcha-wan " a droit aussi à la qualification de " hori-dashi ". Il est fait d'une terre foncée très belle, à peine recouverte encore par places d'un émail noirâtre. Des dépressions circulaires, allant du milieu de la panse jusqu'en bas, lui sont un élément décoratif sobre et de goût parfait. — XVI' siècle.

859 bis. ☙ " Tën-mokou tcha-wan " (bol à thé de Tën-mokou — c'est-à-dire imitation des pièces chinoises de ce nom faite à Kara-tsou —). Il est de forme élégante à resserrement au-dessous du bord. La terre employée est fine; la couverte d'un noir profond mélangé de bleu. — C'est en somme une jolie pièce du XVIII' siècle.

Ido

860. ☙ " Kashi-ki ". Sorte de bol largement ouvert et de parois épaisses, d'une forme solide et toutefois gracieuse, couvert d'un émail blanc très gras craquelé à larges mailles. " Ido-yaki " (cuisson de Ido). — XVI' siècle.

Shino

861. ☙ " Haï-daï " (pied pour mettre une soucoupe). Sorte de dé à jouer, surélevé, porté sur quatre pieds et décoré de branchettes de haghi bleues avec quelques taches vertes sur une couverte blanche. La partie supérieure est percée d'une ouverture ronde destinée à recevoir le pied d'une coupe à " sa-ké ". Cuisson de Shino. — XVIII' siècle.

862. ☙ Bouteille à " sa-ké " à couverte jaunâtre assez transparente, sur laquelle sont dessinés un " mon " et une fleur de prunier. Tout autour du goulot descend, sur des impressions circulaires placées en haut de la panse, une magnifique coulée verte d'un ton fort riche. — Fin du XVIII' siècle.

863. ☙ Autre bouteille presque semblable à la précédente. Elle offre toutefois avec celle-ci quelques différences. En haut de la panse les impressions circulaires sont revêtues d'un émail jaunâtre plus épais que celui de la pièce présente et tout craquelé. De plus la coulée du col est bleue et non verte; enfin les fleurettes, décorant la panse de celle-ci, sont de toute minime importance. — Idem.

Shigha-raki

864. ☙ " Mizou-sashi " plus large dans le bas et le haut que dans la partie moyenne. La terre est visible près de la base; le reste du pot est recouvert d'émail blanc craquelé, sur lequel descendent des coulées bleues et rouges. Quelques dessins largement tracés en brun et en rouge complètent, avec une superbe tache verdâtre, la décoration puissante de cette pièce, dont la surface interne n'est pas moins belle de ton que l'extérieur. — XVII' siècle.

N° 838

N° 817

N° 898

N° 867 B

N° 822

N° 867 A

N° 869

N° 844

N° 849

865. ❧ "Mizou-koboshi" (pot à eau sale) de forme sphérique aplatie. Décoration de chrysanthèmes en relief se détachant, émaillés de blanc grisâtre, sur un fond brun d'un ton très riche. — Idem.

O-hi

866. ❧ "Ko-go" hémisphérique, représentant deux oiseaux qui s'embrassent tendrement. Terre recouverte d'émail, jaune intérieurement, brun taché de jaune à l'extérieur. — Fabriqué dans la 5ᵉ année de Tën-wa (1665).

Œuvres des Ko-yé-mon

867. ❧ Deux "nïn-ghio" (poupée) par Ko-yé-mon, en terre recouverte d'un ton brun foncé :
A. — Courtisane en promenade;
B. — Bourgeois coiffé d'un large bonnet ressemblant à un béret.
Ces deux pièces sont signées Ko-yé-mon. — XVIIᵉ siècle.

868. ❧ Ho-teï portant des pièces de monnaie. Charmante petite statuette par Ko-yé-mon. Une boulette mobile est enfermée dans l'intérieur de la pièce. — Idem.

869. ❧ "Nïn-ghio" de Foushi-mi représentant O-kamé en courtisane montrant fièrement devant elle l'énorme nœud de sa ceinture. Terre revêtue d'une couverte jaunâtre partout sauf la figure. Le cachet d'un des Ko-yé-mon est apposé sur la robe. — XVIIIᵉ siècle.

Œuvres de Nïn-seï

870. ❧ "Hira tcha-wan" de proportions gracieuses décoré, sur une couverte d'un beau ton vert brun clair, de trois insectes en émaux divers de tons très riches : Une araignée brune se tient au milieu de sa toile blanche; puis une libellule au corps rouge vif déploie ses ailes blanches; enfin une mante religieuse, d'un vert brillant, agite sa paire de pattes antérieures. C'est un ouvrage rare et précieux de Nïn-seï Iᵉʳ. — XVIIᵉ siècle.

871. ❧ "Hi-iré" (pot à feu). Le bord supérieur a la forme d'une fleur de prunier. La terre, de belle qualité, est revêtue d'une couverte crème éteinte fort joliment craquelée, sur laquelle des émaux bleu et vert nous montrent des branchettes de pin et des bambous. Œuvre de Nïn-seï Iᵉʳ. — Idem.

872. ❧ "Hira tcha-wan" (tcha-wan plat) de forme basse, de profil très gracieux. Sur la couverte crème, presque sans craquelures à l'extérieur, des fleurs et des feuilles de "kiri" (paulownia) bleues et des branchettes grises constituent le plus élégant des décors. — Idem.

873. ❧ "Tcha-wan" dont la terre, visible dans la partie inférieure, est recouverte sur le reste du bol d'un ton crème, plus épais auprès du bord. En ce point l'artiste a posé régulièrement, tout autour de son œuvre, des dessins traités un peu en "mon" offrant des émaux translucides rouge, vert et violacé admirablement harmonisés.— Idem.

874. ❧ "Tcha-wan", à couverte blanche décorée en des tons noirs et verts d'une touffe de plantes aquatiques fleuries. La forme est élégante et la couleur harmonieuse. — Idem.

875. ❧ Trois "Icho-kou" (petits pots servant à mettre une nourriture quelconque) à arêtes vives dans le bas, où la terre est nue ou recouverte d'émail gris. Le bord noir est pincé légèrement en bec. Entre deux, sur un émail crème, l'artiste a dessiné une plante aux fleurs bleues et aux feuilles d'un noir verdâtre. Ces trois pièces, ainsi que toutes les précédentes, sont l'œuvre de Nïn-seï Iᵉʳ. — Idem.

876. ❧ "Tcha-wan", à bord carré, décoré, sur une jolie couverte crème finement craquelée, d'une gourde d'un bleu léger, accompagnée de tiges et feuilles brun verdâtre, le tout d'un dessin follement habile. La même décoration se retrouve à l'intérieur de la pièce. Œuvre de Nïn-seï Iᵉʳ. — Idem.

877. ❧ "Tcha-wan" à couverte grisâtre, décoré d'une frise régulière au bord et au-dessous d'une série de branches de pin bleu, vert et or entremêlées de feuilles de glycine d'or; le tout formant un ensemble des plus riches. Harmonie très douce. Œuvre de Nïn-seï Iᵉʳ. — Idem.

878. — Grand "té-abouri hi-batchi" (pot à feu pour chauffer les mains), décoré sur blanc de chrysanthèmes bleus et jaunes aux feuilles bleues, vertes et rouges. Pièce attribuée à Nin-seï I". — Idem.

879. —— blanc décoré d'hortensias, aux fleurs de deux bleus, aux feuilles bleues ou vertes, à la tige brune. Un oiseau bleu volette parmi les fleurs. Attribué à Nin-seï. — Idem.

880. — "Sara" (assiette) en forme du mont Fouji. Pièce décorée en bleu et noir, sur blanc grisâtre, d'une forêt de pins sous les nuages. Imitation faite par Yeï-rakou I" d'une œuvre de Nin-seï I". — XVIII siècle.

881. — "Tcha-wan", à couverte brune, décoré dans sa partie supérieure d'une frise de caractères chinois en blanc. Quelques coulées d'émail gris se montrent dans l'intérieur. Ouvrage d'un Nin-seï. — XVIII siècle.

882. — "Tcha-wan", à couverte blanche, décoré de cinq touffes d'iris, l'une à fleur violette, la seconde à fleur blanche, la troisième à fleur bleue, les deux autres à fleur d'argent. Ouvrage de l'atelier de Nin-seï. — XIX siècle.

Taka-tori

883. — "Tsoutsou dja-wan" (Tcha-wan cylindrique). Terre très fine, à couverte d'un brun rougeâtre, décorée de métallisations, de taches noires et surtout d'exquises feuilles d'érable blanches. — XVIII siècle.

884. — "Mat'tcha dja-wan", dont la couverte brun noirâtre, aux reflets métalliques violacés, offre en outre un poudré d'or très fin et très brillant. — Idem.

Œuvres de Kën-zan

885. — Plateau à rebords assez élevés décoré, sur une couverte grise, d'un prunier fleuri, très largement peint, et d'une poésie. L'extérieur du rebord porte un dessin bleu régulier des plus élégants. — Signé : Kën-zan, à la fin de la poésie, ce qui ne saurait surprendre, car le potier était aussi poète. — XVII siècle.

886. — Plateau assez semblable au précédent quant à la décoration extérieure du rebord; mais bien différent par la peinture centrale qui représente une fleur bleue. Signé en dessous : Kën-zan. — Idem.

887. — "Mouko-dzouké" émaillé de blanc par places, de vert ailleurs. Chaque tache blanche dessine sur ce fond vert une feuille d'érable (?) aux nervures vertes, dont l'ensemble forme une décoration d'un goût rare. Le bord, festonné de huit arcs de cercle, contribue pour sa part à l'élégance de la pièce, d'une harmonie à la fois très riche et très sobre. Signé en dessous : Kën-zan. — Idem.

888. — "Ka-shi zara" en forme de feuille, décoré de fleurs jaunes dans un feuillage vert et rougeâtre. Signé en dessous : Kën-zan. — Idem.

889. — Kën-zan a décoré ce charmant plateau à gâteaux, auquel il a donné la forme d'une balustrade de pavillon hexagonal, de vert, de bleu et d'or sur couverte grisâtre. Tout est géométrique dans cet ornement, sauf les arbres peints sur les six piliers. Encore ces arbres affirment-ils le reste du dessin plus qu'ils ne le contrarient. — Idem.

890. — "Mizou-sashi" cylindrique, en terre de O-ribé, décoré par Kën-zan de bambous peints largement en taches grises et vertes sur un fond gris à coulées blanches. Signé : Kën-zan. — Idem.

Satsouma

891. — Bouteille porte-fleur. Couverte dont la gamme de coloration va du blanc au gris. Par dessus cette couverte des "haghi", des chrysanthèmes, d'autres plantes encore et des herbes folles montrent en émaux vert, rouge, brun et jaune leurs fleurs et leurs tiges gracieuses s'enchevêtrant sous l'effort de la brise. Quelques discrètes touches d'or font valoir mieux encore la richesse des colorations voisines. — XVII siècle.

892. — "Tcha-wan" décoré de pivoines fleuries, dans des médaillons placés au milieu de dessins géométriques

N° 807   N° 823 bis   N° 854   N° 821   N° 815   N° 818   N° 816

N° 824   N° 904   N° 806 bis   N° 893   N° 832 bis   N° 834

N° 862   N° 819   N° 806 quater   N° 899   N° 820   N° 863

N° 828   N° 827   N° 829

N° 837   N° 864   N° 833

rouge et or. Une petite frise délicate, à rinceaux de feuillage, court tout au-dessous du bord. A l'intérieur, couverte crème finement craquelée et sans aucun décor. — XVIIIe siècle.

893. ❧ Brûle-parfums, en forme de gourde aplatie de haut en bas, porté sur trois petites gourdes. Trois autres de ces fruits, minuscules également, ornent le sommet du couvercle et les parois latérales du vase, lesquels sont de couleur grise et décorées de deux branchettes de glycine fleuries et feuillues. — Idem.

Œuvres de Kën-ya

894. ❧ " Tcha-wan ". Extérieurement ce bol nous montre sa terre rose sous l'émail transparent décoré de troncs de bambous en or et en argent. A l'intérieur, sur la couverte d'un brun foncé presque noir, descendent des feuilles de la même plante, bleues, vertes ou blanches. — XVIIIe siècle.

895. ❧ Petit fourneau décoré de roses trémières blanches sur un fond jaunâtre. — Idem.

896. ❧ Plat à gâteau en forme de " awabi " (ormeau) largement taché de violet et de vert sur blanc verdâtre à l'intérieur et d'un peu de jaune en plus sur le dos. — Idem.

897. ❧ Objet presque identique au précédent, mais de moindre taille. — Idem.

898. ❧ " Itchi-rïn-ʒashi " (porte-branchettes) en forme de feuille de lotus roulée et posée droit sur une autre par une grenouille qui la soutient. Tonalités vert pâle très douces de la feuille roulée s'harmonisant bien avec le bleu de la queue. — Idem.

899. ❧ —— Petite bouteille à panse aplatie dans le sens de la hauteur, portant un long goulot. Les émaux bruns et vert jaune sombre qui la recouvrent sont très habilement harmonisés. Cette pièce, ainsi que toutes les précédentes, est l'œuvre de Kën-ya Ier. — Idem.

Yatsou-shiro

900. ❧ " Ko dombouri " (petit plat), quadrangulaire, à couverte blanche, décoré d'herbes en tous sens dans des tons brun et bleu. Ouvrage de Shiou-heï de Kyo-to. — XVIIIe siècle.

901. ❧ " Tcha-wan " à couverte grise, décoré de chrysanthèmes bleu, vert et or. — Idem.

902. ❧ —— Des chevaux sont ménagés en blanc dans la couverte gris jaunâtre de ce bol. — Idem.

Mokou-beï

903. ❧ Petit " ko-go " sphéroïdal blanc à décor de fleurs de prunier supportant un poisson d'un gris verdâtre. — XVIIIe siècle.

904. ❧ Théière en imitation de porcelaine cochinchinoise par Mokou-beï. — Idem.

Yeï-rakou

905. ❧ " Noshi-keï-tchïn " (presse-papier) représentant trois boules de fortune émaillées de vert et dorées. Œuvre de Yeï-rakou Ier. — XVIIIe siècle.

Do-hatchi

906. ❧ Assiette à gâteaux dont l'intérieur, ressemblant un peu au premier abord à celui de certaines coquilles, est décoré de dessins bleus sur blanc. Œuvre de Ko-tchioun-teï Do-hatchi. — XVIIIe siècle.

Taï-shiou

907. € "Tcha-wan" dit "han-sou gata" en "taï-shiou yaki". Imitation d'un vieux bol coréen. Terre rose à couverte blanche et grise. Décoré intérieurement de chrysanthèmes disposés en cercle. — XVIII' siècle.

O-mouro

908. € "Tcha-wan" recouvert intérieurement d'émail blanc à doubles craquelures, les grandes bleues et les petites brunes. Extérieurement plusieurs groupes de pins le décorent. — XVIII' siècle.

Mi-kava-tchi

909. € "Ko-zara" (petite assiette). Porcelaine blanche à dessins bleu et rouge. Deux hérons parmi des tiges de millet. — XVIII' siècle.

Kou-tani

910. € "Sho-you tsoughi" (récipient pour le "sho-you"). Petite bouteille pansue, presque sans goulot, décorée, sur la terre même et ce qui reste de couverte crème, d'un masque jaune, de fleurettes rouges et du "mon" des princes de Ka-ga en vert. Sur le goulot embryonnaire on voit une bague bleue et une verte, l'anse est noire. — XVIII' siècle.

911. € Bouteille de coupe hexagonale à dessins rouge et or. — Commencement du XIX' siècle.

912. € Grande bouteille, à goulot court et étroit annelé de rouge, de jaune, de vert et de bleu, décorée sur la panse d'une branche de vigne retombante, garnie de feuilles rouges et de raisins verts et bleus. — XIX' siècle.

Asa-hi

913. € "Nozoki tchokou" (pot à mettre de la nourriture), en terre de Asa-hi. Couverte crémeuse ou verdâtre, selon les points, décorée d'herbes en émail brun. — XVIII' siècle.

914. € Cinq petits gobelets émaillés de brun et décorés de feuilles de bambou en réserve. — Fin du XVIII' siècle.

Awa-dji

915. € "Kan-dokouri" (bouteille à réchauffer le "saké"). Coulées brun rouge sur couverte jaune. — XVIII' siècle.

Shitchi-bé

916. € "Ko dombouri". Bol désaxé en porcelaine blanche décorée intérieurement et extérieurement de branches de prunier fleuri. Œuvre de Shitchi-bé de Kyo-to. — XVIII' siècle.

Hirato

916bis. € "Kara-ko nin-ghio" (poupées représentant des enfants chinois). L'un est assis, l'autre à demi couché. Porcelaine blanche rehaussée de bleu clair. Hirato. — XIX' siècle.

N° 935   N° 943   N° 951   N° 934

N° 958   N° 948   N° 956   N° 955

N° 947   N° 945   N° 946   N° 942

N° 952   N° 930ter   N° 933   N° 936

N° 925   N° 924   N° 927

Divers

917. ❧ "Ko-go" modelé dans la forme du marteau de Daï-kokou, à couverte brune revêtue d'une autre couverte grise. Sur le couvercle sont trois boules de fortune de différentes grosseurs. Pièce d'un goût délicat dont le lieu de fabrication nous est inconnu.

918. ❧ "Han-sën". Vase destiné à recevoir l'eau qui a servi à laver les "tcha-wan". A l'extérieur, couverte blanche très finement craquelée et ornée de demi-cercles colorés en brun jaune et vert clair. L'intérieur brun rougeâtre a été doré.

919. ❧ "Tcha-wan" à couverte ocreuse sur laquelle des coulées brunes apparaissent, surtout dans les parties inférieures et intérieures où l'émail s'est réuni soit en grosses gouttes, soit en nappe d'une admirable vitrification.

920. ❧ "Tcha-wan" bas et large, recouvert de noir mat. La ligne en est simple et belle.

921. ❧ Pot brun décoré de lignes multiples creusées circulairement tout autour.

922. ❧ Grand porte-bouquet en forme de bambou. Sur la couverte jaune rougeâtre, une coulée blanche triangulaire est du plus heureux effet.

923. ❧ Tuile portant les images de trois divinités bouddhiques (imitation de tuile indoue).

LAQUES

924. ❧ Petite chapelle revêtue extérieurement de laque noir et s'ouvrant pour montrer la statuette noire d'un dieu assis devant des flammes. La face intérieure de chacune des portes est décorée de peintures religieuses, très délicates et puissantes pourtant, se détachant sur un fond d'or qui les fait merveilleusement valoir et leur communique une rare somptuosité. — XVIe siècle.

925. ❧ Boîte en bois brun joliment tournée décorée, sur le couvercle, d'une grue volant exécutée au trait grassement et puissamment. Sur l'intérieur doré est le cachet de Ko-rïn, auteur de cette œuvre remarquable. — XVIIe siècle.

926. ❧ Petite boîte cylindrique, en bois foncé, admirable de couleur et de proportions, sur laquelle sont indiqués largement deux pins tourmentés. Signé : Ko-rïn. — Idem.

927. ❧ Boîte laquée d'argent et décorée par dessus d'un plan de chrysanthèmes au naturel. Tous ces tons divers de laque, patinés, fondus, harmonisés par le temps, ont pris une beauté singulière. L'intérieur doré est aussi d'une couleur superbe. Signé : Ko-rïn. — Idem.

928. ❧ Coupe à "Saké" en laque rouge clair, portant, comme décoration, quelques branchettes de prunier fleuri. Signé : Ko-rïn. — Idem.

929. ❧ Petite boîte carrée et aplatie, en bois brun décoré de laque aventuriné sur toutes les arêtes émoussées et d'un superbe chrysanthème stylisé en "mon" au milieu de la face supérieure du couvercle. Intérieur laqué rouge. — Idem.

930. ❧ "Kanʒashi", baguette servant à la coiffure. Elle est décorée, sur un laque imitant l'écaille, d'un semis d'éventails. — XVIIIe siècle.

930bis. ❧ Petite boîte en laque de diverses couleurs, représentant un tambour sous un pin, auprès d'une tenture. — Idem.

930 ter. Petite boîte en forme de losange à angles mousses en laque d'argent, sur lequel est figuré un vol de corbeaux. Intérieur en laque aventuriné. — Idem.

931. Vieil " in-ro " représentant d'un côté un empereur de Chine sous un pin et de l'autre une impératrice lisant un écrit. — XVI siècle.

932. " In-ro " en laque, écaille d'un ton admirable, décoré d'un cerf en laque d'or et d'argent et de sa biche en incrustation de nacre. La somptuosité de cette harmonie n'a guère été obtenue que dans l'atelier de Ko-yetsou, auquel cette belle pièce nous paraît devoir être attribuée. — Commencement du XVII siècle.

933. —— de la même époque que le précédent et peut-être bien de la même provenance, représentant sur un fond doré, d'un côté un homme abrité sous un grand chapeau en mosaïque de nacre et de l'autre deux chiens. — Idem.

934. —— en laque noir décoré d'une maisonnette abritée sous un bambou. Sur un rocher par terre est un livre ouvert. Incrustations de nacre et de plomb. — Idem.

935. —— en laque noir et or, incrusté de plomb et de nacre, représentant des papillons. — Idem.

936. —— en laque décoré de chardons et d'une libellule en nacre et laque d'or. — Idem.

937. —— décoré sur laque noir d'un " tori-i ", de cryptomérias et d'un peloton de fil. Incrustations de nacre. — Idem.

938. —— laqué noir et décoré sur chaque côté d'une châtaigne en laques divers, avec incrustations de nacre et de plomb. — Idem.

939. —— représentant sur chaque face un paysage. Sur l'un des côtés, les bâtiments d'un temple. Incrustations d'argent. — Idem.

940. —— Paysage en pays montagneux. Sous un pin, auprès d'une roche, on voit deux bâtiments. Incrustations d'argent et d'or. — Idem.

941. —— en écorce d'arbre. Un paysan s'appuie des pieds contre un saule pour retenir à la longe un taureau en humeur d'indépendance. Incrustations de nacre et de plomb. — XVIII siècle.

942. —— Sous un vieux pont tourmenté est perché un coq. Auprès, sur un grand tambour, une poule. Incrustations de nacre et d'or. — Idem.

943. —— Chaumière entourée de bambous sous un pin. Incrustations semblables. — Idem.

944. —— Nasse et roseaux, près d'un ponceau. Mêmes incrustations. — Idem.

945. —— représentant d'un côté un dragon sur les flots, de l'autre un tigre, au bord de la mer. Les deux animaux sont en argent. — Idem.

946. —— en laque frotté. Bac chargé de monde traversant un bras de mer. — Idem.

947. —— Grues près d'une barrière et héron dans les roseaux. Incrustation de nacre et d'or. — Idem.

948. —— en laque frotté. " Shi-shi " parmi des pivoines. — Idem.

949. —— en laque frotté. Troupe de hérons dans les roseaux. — Idem.

950. —— Temple parmi des pins et des saules au bord de la mer. — Idem.

951. —— Enfants chinois jouant à un jeu qui rappelle notre colin-maillard. — Idem.

952. —— Pins au bord de l'eau et coquilles parmi des arbres. Incrustations de nacre et de plomb. — Idem.

953. —— en laque frotté. Habitation, à la porte de laquelle broute un cheval. — Idem.

954. —— en écorce, décorée de fleurs de prunier en laques divers. — Idem.

955. —— en laque d'argent, représentant des chevaux folâtrant non loin d'une cascade. — Idem.

956. —— long et étroit. Grue sur le tronc tordu d'un pin. — Idem.

957. —— en laque noir, décoré de deux bobines, dont l'une garnie de fil, et d'une navette. — Idem.

N° 979	N° 963	N° 978	N° 967	N° 966

N° 975	N° 973 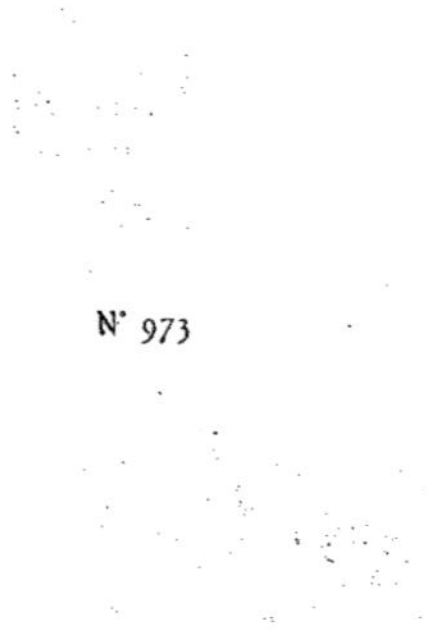	N° 975

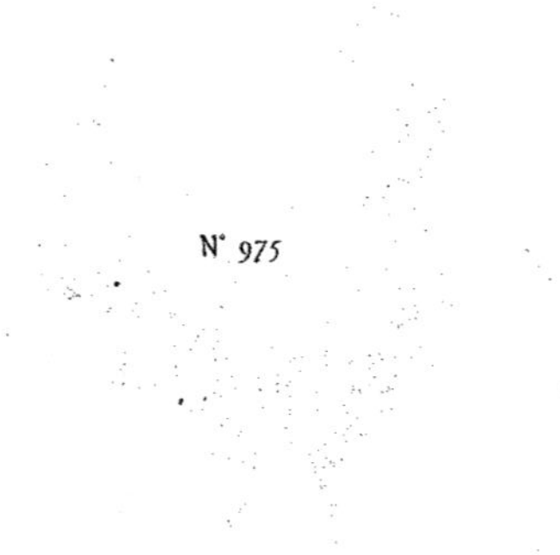

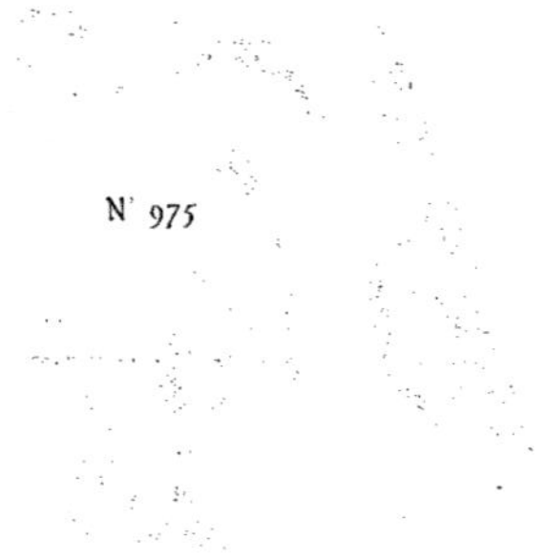

958. ⊛ —— à fond d'or. Deux poissons enfilés sur des brindilles de bambou. — Idem.

959. ⊛ —— cylindrique, en laque aventuriné, décoré d'un vol de corbeaux en laque noir. — XIX° siècle.

960. ⊛ —— assez grand, en laque aventuriné foncé, orné d'un vol de corbeaux. — Idem.

961. ⊛ —— décoré d'un vol de corbeaux en laque noir sur laque d'argent.

962. ⊛ —— en laque frotté. Martins-pêcheurs auprès de nasses.

BRONZES

Chine

963. ⊛ Brûle-parfum, en forme de " Shi-shi ", trapu, relevant la tête. — XIV° siècle.

964. ⊛ " Mizou-iré " (compte-gouttes) en forme de mangue et de fleur de manguier. — XVII° siècle.

965. ⊛ Bouteille porte-bouquet étroite, au long col autour de laquelle s'enroule un dragon. — Idem.

965bis. ⊛ Petit vase portant deux anses au col. — Idem.

Japon

966. ⊛ Soudzou (grelot) déposé dans un temple par Ka-to Kyo-masa, grand " kéraï " de Taï-ko Sama, à la suite d'un vœu. Il est daté du 2° mois de la 2° année de Boun-rokou (mars 1593).

967. ⊛ Statuette de Yébisou, le dieu pêcheur, assis, la main droite levée, la gauche sur son genou. — XVII° siècle.

968. ⊛ Statuette de Kwanon, d'un style charmant. Elle tient à la main une corbeille dans laquelle est un poisson. — Idem.

969. ⊛ Presse-papier représentant une tortue avec son petit sur le dos. — Idem.

970. ⊛ Porte-bouquet destiné à être accroché contre le mur. Ouvrage du Yama-shiro. — Idem.

971. ⊛ Petite tortue en bronze marchant la tête levée. — XVIII° siècle.

972. ⊛ Autre petite tortue dans un mouvement analogue. — Idem.

973. ⊛ " Oki-mono " représentant un oiselet perché sur une branche de chrysanthème. — Idem.

974. ⊛ —— représentant un dragon furieux. — Idem.

975. ⊛ Un coq et une poule en bronze d'une grande vérité de mouvement, d'une belle facture et d'un beau ton. Le coq est un brûle-parfums. — Idem.

976. ⊛ Petit " oki-mono " représentant un diable accroupi se relevant, un grand tambour sur le dos. — Idem.

977. ⊛ Trois objets de culte en bronze : un chandelier, un brûle-parfums et un vase. Ils sont décorés de têtes d'éléphants et de pivoines et ont pris avec le temps une belle patine d'un brun rougeâtre. Le chandelier et le vase portent la signature Yasou-sada. — XVIII° siècle.

FER

978. — Brûle-parfums en forme de hibou, d'un grand caractère. — XIII⁰ siècle.

979. — Panier en fer, tressé comme de l'osier; chef-d'œuvre d'adresse et de goût attribué à un Miotchïn. — XVII⁰ siècle.

980. — Grelot en fer forgé. — XVII⁰ siècle.

GARDES DE SABRES

XV⁰ Siècle

981. — Garde pleine d'un côté et décorée de l'autre de rinceaux repercés en tous sens dans lesquels "se meuvent" deux dragons. Fer forgé de Nan-ban.

982. — Garde quadrilobée en fer, décorée d'une figure de Dharma à mi-corps. Kama-koura.

XVI⁰ Siècle

983. — A l'intérieur de deux cercles unis par des rayons, deux dragons se dirigeant chacun vers une boule de fortune. Fer doré de Nan-ban.

984. — Quatre dragons et deux têtes de "shi-shi" formant la décoration de cette garde de Nan-ban, en fer découpé, repercé et doré.

985. — Garde décorée de quatre papillons unis par des rinceaux. Fer découpé de Nan-ban.

986. — Aubergine en fer forgé.

987. — Rat se mordant la queue. — Garde faite à Aï-dzou.

XVII⁰ Siècle

988. — Deux dragons affrontés. Fer découpé et repercé. Nan-ban.

989. — Garde bossuée et incrustée de chrysanthèmes en bronze, par Yoshi-ro I⁰.

990. — Deux Ni-ho incrustés en bronze sur fer, par Yoshi-ro I⁰.

991. — Fer incrusté de chapeaux de bronze. Yoshi-ro I⁰.

992. — Fer incrusté de bouquets de feuilles; Yoshi-ro I⁰.

N" 987   N° 981   N° 986

N° 985   N° 983   N° 984

N° 997   N° 995   · N° 1055

N° 1011   N° 990   N° 1039

993. Fer cousu de bronze et de fer. Yoshi-ro I".

994. Feuilles de vigne, et raisins en bronze sur fer, par Yoshi-ro, de la province de Aï-dzou.

994bis. Paysage au bord de la mer. Coquilles sur le rivage; par Sho-a-mi I" de Aï-dzou.

995. Deux oies affrontées. Fer incrusté de bronze. Aï-dzou.

996. Le " sën-nïn " au dragon. Fer incrusté d'or. Aï-dzou.

997. Cloche Aï-dzou.

998. Oiseau de Hô par Oumé-tada du Yama-shiro.

999. Pois, cosses de bronze et attributs de Daï-kokou en or. Fer incrusté par le même.

1000. Fer découpé. Rangées multiples de lignes sinueuses. Du même.

1001. Semblable à la précédente, mais un peu plus petite (ces deux gardes forment la paire). Du même.

1002. Disque radié par Tada-tsougou (Ki-naï I"). Fer plein.

1003. Garde décorée, en découpage, d'une roue parmi les flots. Du même.

1004. Fer découpé en gril sur un tiers de sa surface, par Yasou-shiro de Hi-go.

1005. Garde en forme d' " awabi ", semblable à celle que l'auteur de celle-ci, Kané-yé, avait forgée pour Taï-ko Sama.

1006. Poinçonnages divers, par Ki-a-sën, forgeron de la famille de Sho-a-mi.

1007. Chapeaux ciselés ou incrustés dans le fer. Raies de nuage découpées. Du même.

1008. Fleurs dans des rinceaux découpés et repercés. Fait à Tcho-shiou.

1009. Couronne d'éventails. Fer découpé par Yama-yoshi. — Idem.

1010. Six " mon ". Fer découpé à Naga-saki.

1011. Garde en coquille d'épée. Foukou-rokou jin et son cerf. Fer travaillé à Mi-to.

1012. Taï-ra no Tada-mori et le bonze de l'huile. Fer découpé et doré, par Mo-gara-shi de Hiko-né.

1013. Bouddha, Confucius et Lao-tseu, par le même.

1014. Grande garde carrée représentant un pavillon, dans un pays montagneux, auprès d'un lac. Un homme pêche dans une barque.

1015. Découpages géométriques et brindilles de pin, en or, incrustées.

1016. Garde quadrilobée. Dans des carrés sont inscrits, de part et d'autre, des caractères chinois. Fer frotté d'or et d'étain. — XVIII' siècle.

XVIII' Siècle

1017. Les huit vues de O-mi. Incrustations de " shibouitchi " dans du fer. Travail de Yé-do.

1018. Garde quadrilobée oblongue. Libellule d'or et d'argent incrustée dans du fer. Ateliers de Yé-do.

1019. Oiselet sur un prunier fleuri et narcisse dans un ruisseau. Même fabrication.

1020. Le cheval sortant de la gourde, par Yeï-djiou de Yé-do.

1021. Langouste, feuilles et fruits, par Tani Foumi-oki de Yé-do.

1022. Des oiseaux vont passer devant la lune à demi cachée par les nuages. — Roseaux et nuages. Ateliers de Yé-do.

1023. La traversée en bac. Yé-do.

1024. Oiseau passant devant un saule sous la pluie. Garde en " shibouitchi " faite à Yé-do.

1025. Foukou-rokou lisant son maki-mono. " Shibouitchi " incrusté d'or. Yé-do.

1026. Tigres dans la mer près d'un rivage planté de bambous. Travail de Aï-dʒou, incrusté d'or et d'argent.

1027. Tige de bambou incurvée. Fer forgé à Aï-dʒou.

1028. Paire de gardes à jour représentant des bambous parc Souna-gava Masa-yoshi de Aï-dʒou.

1029. Hirondelle au-dessus des flots. Fer incrusté d'or, par Fou-kïn. Aï-dʒou.

1030. Ho-teï et un enfant au clair de lune. Fer incrusté d'or et d'argent. Œuvre de An-keï Shi-mi-bokou de Aï-dʒou.

1031. Dans une forêt de bambous, un chasseur chinois s'arrête éperdu de voir Bouddha entre les pattes d'un cerf qu'il allait tuer. Fer incrusté d'or. Ateliers de Aï-dʒou.

1031 bis. Deux grues affrontées en " mon ". Fer découpé; travail de Aï-dʒou.

1032. Tambour. Fer incrusté d'or. Aï-dʒou.

1032 bis. Vigne avec raisin. Fer incrusté d'or et d'argent. Ateliers de Aï-dʒou.

1033. Femme portant un fagot sur la tête. Fer incrusté d'or et d'argent. Travail de Aï-dʒou.

1034. Fruit et poisson séché. Fer incrusté d'or, par Na-ra Mitsou-ôki.

1035. Sho-ki dans l'attente du combat. Fer incrusté d'or, d'argent et de bronzes divers, par Hitchi-yo-kën Masa-sada.

1036. Vieillard et enfant regardant la lune au bord d'un torrent. Fer incrusté d'or et d'argent, par O-dʒoui de O-wari.

1037. Gama sën-nïn aidant son crapaud à descendre d'une branche de pin. Fer incrusté d'or, par O-dʒoui de O-wari.

1037 bis. Enfants chinois jouant. Fer incrusté d'or, d'argent et de bronzes divers. Ateliers de O-wari.

1038. Schéma de tortue découpé dans un fer brutalement bossué. Cette garde est nommée " Taï-ko gata " (aimé de Taï-ko Sama). Travail de O-wari.

1038 bis. L'un des " Ni jiou shi ko ". Fer incrusté d'or et d'argent. Ateliers de O-wari.

1039. Deux poissons-dragons affrontés. Ateliers de Hi-koné.

1040. Dragon en mordant un autre, par Mo-gara-shi So-tën de Hi-koné.

1041. Vue du Temple de Mi-déra, dans la province de O-mi. Travail de Na-ra. Incrustations d'or d'une habileté extrême, sur un dessin très large, ce qui donne à cette garde une rare somptuosité.

1042. Dharma méditant, par I-dʒoumi Masa-nao de Mi-to. Incrustations d'or.

1043. Couperet en argent, " Shakoudo " et " sëntokou " incrustés dans du fer. Ateliers de Mi-to.

1043 bis. Deux sën-nïn sous un arbre. Incrustation d'or et d'argent dans le fer. Travail de Mi-to.

1044. Fer orné de deux médaillons, l'un doré, l'autre argenté, représentant chacun un dragon enroulé. Ateliers de Mi-to.

1044 bis. Vipère en " sëntokou " par Mitchi-hisa de Mi-to.

1045. Deux poissons-dragons affrontés par un des Ki-naï.

1046. Hirondelles de mer volant près des flots.

1047. Homme écrivant sur le tronc d'un cerisier fleuri. Fer incrusté d'or et d'argent, par Seï-dʒoui.

N° 994

N° 1064

N° 982

N° 1009

N° 1003

N° 1031 bis

N° 1051

N° 1010

N° 998

N° 1016

N° 1063

N° 1060

1048. ❧ Une paire de gardes, représentant toutes deux des oies sauvages descendant au clair de lune, vers un marais. Fer incrusté d'or et d'argent. Ateliers de Yé-do.

1049. ❧ Une paire de gardes représentant les ustensiles du "tcha no you".

1050. ❧ Le dieu du tonnerre foudroyant le sol sur lequel gisent un parapluie et un chapeau près d'une lanterne. Fer incrusté de bronze et d'or.

1051. ❧ Fleurs et feuilles de "ki-ri" disposées en "mon". Fer ajouré.

1052. ❧ Oiseaux et cerisier fleuri. Fer incrusté d'or et d'argent.

1053. ❧ Garde entièrement découpée en dessins géométriques. Incrustations d'or dans le fer.

1054. ❧ Puits au clair de lune. Fer incrusté d'or, de "shakoudo" et de bronze rouge.

1055. ❧ Libellule et fleur. Fer découpé.

1056. ❧ Le dieu des vents soufflant la tempête. Fer incrusté d'or et d'argent.

1057. ❧ Un poète écrivant sur une cloche énorme.

1058. "Shi-shi" en haut-relief regardant le soleil. Incrustations d'or sur fer.

1059. ❧ Diable traversant la mer sur un dragon. Fer incrusté d'or et de bronze rouge.

1060. ❧ Garde en croix représentant les bâtiments d'un temple. Fer incrusté d'or.

1061. ❧ Chrysanthème découpé.

1062. ❧ Fleur de prunier (schéma).

1063. ❧ Le mont Fouji dans les nuages. Fer incrusté d'or.

1064. ❧ Crâne humain. Les dents sont en "shibouitshi", le reste en fer.

1065. ❧ Dragon se dirigeant vers la boule précieuse. Fer incrusté d'or et de bronze rouge.

1066. ❧ Deux gardes : Aubergine. — Vases à anses.

1067. ❧ Dragon émergeant des flots devant le mont Fouji. "Sëntokou" incrusté d'or et d'argent.

1068. ❧ Étriers, cravache et mors. Fer incrusté de bronze.

1069. ❧ Chauve-souris volant au clair de lune. Fer incrusté d'or.

1070. ❧ Bouddha sous une cascade.

XIXᵉ Siècle

1071. ❧ Libellule se dirigeant vers un ruisseau. Fer incrusté d'or et d'argent, par Hisa-kaghé de Yé-do.

1072. ❧ Garde en forme de croix ouvragée. Fleurs diverses en or, "shakoudo" et argent sur fer, par un des Goto de Yé-do.

1073. ❧ Renard guettant des oiseaux. "Shibouitchi" incrusté d'or, de "shakoudo" et de bronze rouge. Atelier de Yé-do

1074 ❧ Le blaireau changé en marmite. Garde en "Sëntokou" faite d'après un dessin de Kyô-saï.

Kodzouka

1075. ❧ Kodzouka en fer incrusté, décoré d'ustensiles du "tcha no you", par Etchi-zèn no djo Mina-moto Naga-tsouné. — XVIIᵉ siècle.

1076. ❧ Deux plaques de kodzouka en fer finement travaillées à jour. Ateliers de Hi-go. — Idem.

1077. ❧ Décoration consistant en bandelettes de papiers attachées à un bâton (go-haï). Ateliers de Hi-go. — XVIII' siècle.

1078. ❧ Ghën-zan-mi Yori-masa, qui tua le " nori (animal fantastique). Fer incrusté d'or et de " shakoudo ". Ateliers de Mi-to. — Idem.

1079. ❧ Fer incrusté d'or et de bronze doré. Le poète chinois To-ba. — Idem.

1080. ❧ Le mont Fouji au clair de lune. Fer incrusté d'or de Aï-dzou. — Idem.

1081. ❧ Un navet dans un champ. Fer incrusté d'or et de " shibouitchi " de Aï-dzou. — Idem.

1082. ❧ Hérons dans un marais. Fer incrusté d'argent et de " shibouitchi ". Ateliers de Yé-do. — Idem.

1083. ❧ Martin-pêcheur dans les roseaux. Fer incrusté d'or, d'argent et de " shakoudo ". Ateliers de Mi-to. — Idem.

1084. ❧ Oies sauvages volant vers des roseaux. " Shibouitchi " incrusté d'or et " shakoudo ". Ateliers de Yé-do.

Bouts de Sabres

1085. ❧ Dragons dans des rinceaux, schématisant les flots. Travail de Hi-go, très délicat. Le fer est ajouré avec une délicatesse remarquable et doré par places. — XVII' siècle.

1086. ❧ Même sujet; même adresse d'exécution. — Idem.

1087. ❧ Même sujet traité de même. — Idem.

1088. ❧ Le dieu Fou-do debout dans les nuages. Fer incrusté d'or et d'argent. Ateliers de Hi koné. — XVIII' siècle.

1089. ❧ Bonze émaillé de blanc, rouge et vert. Fleurs. Travail de O-wari. — Idem.

1090. ❧ Masque de guerrier, en fer forgé. Ateliers de Yé-do. — Idem.

1091. ❧ Diables dans les flots. Fer incrusté d'or et de bronzes variés. Ateliers de Mi-to. — Idem.

1092. ❧ Cigale sur un pin. Fer incrusté d'or. Mi-to. — Idem.

1092 bis. ❧ Kan-zan et Ji-tokou. " Shibouitchi " incrusté d'or. — Idem.

1093. ❧ Rocher battu par la tempête. Fer incrusté d'or, de corail et de malachite, par Sho-a-mi III de Aï-dzou. — Idem.

1094. ❧ Carpes, par I-dzouko Moto-dzoumi. " Shibouitchi " incrusté d'or et d'argent. — Idem.

1094 bis. ❧ Personnages sur un pont. Fer incrusté de bronze et d'or, par I-shiou-kën Riou-shi Naga-yoshi de Yé-do. — Idem.

1095. ❧ Tada-mori et le bonze de l'huile, " sëntokou " incrusté de " shakoudo " et d'or. Ateliers de Yé-do. — Idem.

1096. ❧ Dragons en bronze rouge des ateliers de Yé-do. — Idem.

1097. ❧ Dragons dans les flots. Travail du fer de Yé-do. — Idem.

1098. ❧ Cailles dans les fleurs. Fer incrusté d'or et d'argent. Travail de Yé-do. — Idem.

1099. ❧ Masque de Ha-nia. Fer incrusté d'or et d'argent de O-wari. — Idem.

1100. ❧ Yébisou et Daï-kokou tendrement embrassés, " sëntokou " argent et or. Ateliers de Mi-to. — XIX' siècle.

1101. ❧ Enfant et bœuf. Travail de Yé-do en " shibouitchi " incrusté d'or et de " shakoudo ". — Idem.

1102. ❧ Trois pièces (dans la dernière le pommeau manque) : Masques. — Personnages tenant des bobines pleines de fil. — Cuiller à " tcha-no-you ". Fer incrusté d'or, d'argent et de bronzes divers.

N° 1074

N° 1041

N° 1044 bis

N° 1026

N° 1013

N° 1056

N° 1050

N° 1018

N° 1037

N° 1054

N° 1042

N° 1033

Ménouki

1103. Grand " ménouki ", en fer repoussé, représentant une Apsara volant et tenant dans sa main droite une tige de lotus. — XVᵉ siècle.

1104. Une paire de " ménouki ", l'un en bronze rouge, l'autre en " shakoudo ", représentant des poissons séchés. — XVIIIᵉ siècle.

1105. —— En " shibouitchi ", représentant des masques de O-kamé. — Idem.

Sabres

1106. Grand sabre, dont le fourreau est en laque noir gravé, à reliefs hélicoïdes dans le haut. La lame unie est d'une belle trempe. — Signé : Shighé-tchika (qui vivait dans le " nën-go " Shō-ō, 1286 à 1293). La garde, en fer plein, à rehaut d'or ciselé, porte un dragon dans les flots. Signé : Jia-koushi. — XVIIᵉ siècle. La monture complète, soit cinq pièces, est en fer incrusté ou niellé d'or. Fleurs et divers sujets très finement travaillés. — XVIIIᵉ siècle. " Ménouki " en " shakoudo " et or, décorés d'un motif de feuilles et de fleurs. Le manche du "·kodzouka " est en fer ciselé, incrusté d'or et d'argent. Il représente un personnage sous un pin. — Fin du XVIIᵉ siècle.

1107. Grand sabre dont le fourreau, imitant une écorce d'arbre, est laqué rouge et noir. La lame unie, d'une belle trempe, mesure 0″73. Signé : Souké-sada, de Bi-shiou Osa-founé — qui vivait dans le " nën-go " Mei-tokou, 1390 à 1394. — La garde est en fer ciselé à jour et incrusté de divers métaux. Personnages assis et debout au milieu des arbres près d'une cascade. Signé : Niou-dō Sō-tën. — Fin du XVIIᵉ siècle. Les bouts et anneaux sont en fer ciselé, incrusté d'or et de " shakoudo ". Dragons et " shishi ". Les " ménouki " en or et " shakoudo " représentent deux grands tigres courant.

1108. Petit sabre ou poignard avec garde dont le fourreau, laqué, imite du cuir ou de l'écorce d'arbre. La lame, d'une ancienneté indiscutable, est d'un métal fort beau. Sur la soie on voit une fleur de chrysanthème et le chiffre 1, soit : Kikou-itchi; puis d'autre part : Bi-zën-no-kouni Osa-founé (Kikou-itchi, de Osa-founé, Bi-zën). Sur un livre traitant des anciens forgerons de lames, on trouve une mention analogue, au nom de famille de cet artiste qui se nommait Souké-sada. (Souké-sada a habité Bi-shiou dans le " nën-go " Meïtokou, 1390 à 1394.) La garde, en " sëntokou " ciselé et incrusté de bronze et d'or, représente un personnage déroulant un " makimono ". Pièce très originale et finement travaillée. — XVIIᵉ siècle. Toute la monture : bouts, anneaux, etc., soit cinq pièces, est en fer ciselé en demi-relief, rehaussé d'or et d'argent. Dragons dans les nuages. — Signé : Tomo-mitsou. — XVIIIᵉ siècle. — Les " ménouki ", en fer ciselé, rehaussé d'argent, sont probablement du même artiste. Le manche du " kodzouka ", en " sëntokou " ciselé, incrusté de " shakoudo " et de " shibouitshi ", porte deux poissons nageant dans un courant parmi des herbes. — Signé : Masa-toshi. — XVIIIᵉ siècle.

1109. Petit sabre dont le fourreau est en étoffe laquée avec une garniture de corne. La lame, d'un très beau métal, longue de 46 centimètres, est gravée sur chaque face, en beaux caractères, de prières ou invocations. — Elle est signée sur la soie : Masa-shighé. (Masa-shighé vivait à Sé-shiou dans le " nën-go " de Yeï-kyo 1429 à 1441). Pas de garde; la poignée est en galuchat sans tresse. Les bouts et anneaux sont en corne. Les " ménouki " sont en " shakoudo ", or et argent incrustés et ciselés. Guerrier dans les flots poursuivi par deux autres montés sur une barque. Un " kogaï " en fer ciselé, incrusté de divers métaux, accompagne le fourreau. Personnage à cheval suivi de deux serviteurs à pied. — Idem.

1110. Petit sabre dont le fourreau en laque noir est décoré de stries longitudinales. Sur chaque face de la lame, d'une belle trempe, s'étend d'un bout à l'autre une gorge profonde. Elle est signée de Shighé-toshi, du Yamato, qui vivait au XVᵉ siècle.
Le bout de l'anneau, en " shibouitchi " incrusté d'or ou de bronze rouge, représentent Foukou-rokou jin avec la tortue et l'axis. Les " ménouki " sont des langoustes en bronze rouge.

1111. Sabre moyen, dont le fourreau, en laque rouge à relief hélicoïde, est orné de feuilles et fleurs. La lame unie, d'une belle trempe, mesure 48 centimètres : Signé : Masa-youki. (Un forgeron portant ce nom, écrit d'une manière un peu différente, vivait à Wa-shiou, dans le " nën-go " Yeï-rokou, 1558 à 1570). La garde, en fer ciselé à jour, représente un prunier fleuri. XVIIIᵉ siècle. Les bouts et anneaux, en fer ciselé, et incrusté de métaux, montrent un arbre près d'un ruisseau et les " vieux de Taka-sago ". Attribué à Seï-dzouï. XVIIIᵉ siècle. Les " ménouki " en bronze doré et " shakoudo " représentent deux guerriers.

1112. ❧ Un grand sabre dont le fourreau est en laque noir rubané de brun. La lame unie, d'une jolie trempe, est longue de 70 centimètres : Signé : Tsouna-shiro. (Tsouna-shiro travaillait à Kiou-shiou, durant le " nën-go " de Tën-sho, 1573 à 1592.) La garde est en fer ciselé en relief, incrusté de divers métaux. Sur une face, paysage; sur l'autre, personnage le sabre à la main bravant un énorme dragon. Attribué à : Jiakou-shi. XVII⁰ siècle. Les bouts et anneaux sont en " shakoudo " grenu et décorés de dragon mordant des épées : Signé : Moto-youki. XVIII⁰ siècle. Les " ménouki ", en bronze ciselé, sont ornés de shishi.

1113. ❧ Grand sabre dont le fourreau est en laque noir grenu. La lame unie est longue de 0" 73. Signé : Jiou--kané Kami Mouné-shighé. (Mouné-shighé, de Bou-shiou, vivait dans le " nën-go " Tën-sho, qui dura de 1573 à 1592). Garde en fer plein, ciselé et incrusté d'or et d'argent. Dragon émergeant des flots. Signé : Kané-yé, XVII⁰ siècle. Les bouts et anneaux sont en " shibouïtshi " chagriné, ciselé, incrusté de " shakoudo " et de divers autres métaux. Oiseaux, herbes et fleurs. Signé : Na-ra. XVIII⁰ siècle. Les " ménouki ", en même métal que les bouts et anneaux, et décorés de sujets semblables, doivent être du même artiste.

1114. ❧ Grand sabre dont le fourreau est en laque noir et brun chagriné, avec des paillettes nacrées de place en place. La lame, d'une grande finesse de grain, est décorée sur chaque face d'un dragon long de 0"20. — Signé: Kami Kané--mitchi, de Iga (qui vivait dans le " nën-go " Tën-sho, 1573 à 1592). La garde en fer, partiellement découpée, est ciselée et incrustée d'or. Vol de petits oiseaux au-dessus des flots. — Signé : O-mori. XVIII⁰ siècle. Les bouts et anneaux en " shakoudo " incrusté d'or et d'argent, sont ornés de paysages marins au clair de lune. — Signé : Toshi-naga. XVIII⁰ siècle. " Ménouki " en " shakoudo " et or ornés de fleurs, feuilles et animaux.

1115. ❧ Petit sabre dont le fourreau est en laque brun gravé de gerçures. La lame, bien trempée et unie, est l'œuvre de Iyé-tsougou, de la province de Ka-ga, qui florissait au XVI⁰ siècle. La garde, les bouts de sabre, les anneaux et le " kodzouka ", en fer incrusté d'or, sont décorés de fleurs de " kiri "; sur le " kodzouka " s'y ajoutent des dessins géométriques. L'anneau du cordon, en fer incrusté d'argent, porte deux pigeons sur un perchoir. Les " ménouki " représentent des chevaux, l'un vu de face et l'autre de croupe.

1116. ❧ Petit sabre dont le fourreau est en laque noir chagriné avec des bagues de laque noir uni. La lame, d'une bonne trempe, est creusée sur chaque face d'une gouttière accompagnée d'une petite rainure. Sur la soie, le nom du forgeron : Sho-soubé kami Mouné-mitchi. La garde est en fer découpé. XVIII⁰ siècle. Les bout et anneau supérieurs, en " shakoudo ", grenu, ciselé et incrusté d'or, représentent des pivoines en fleurs. — Signé : Seï-tchö. XVIII⁰ siècle. Les " ménouki " en bronze doré et ciselé représentent deux " shishi ".

1117. ❧ Petit poignard en laque brun clair. Le fourreau et la poignée sont uniformément décorés d'un semis de fleurettes du même ton et d'un vol de corbeaux en laque noir. La lame est unie et de forme gracieuse. Le bout de sabre est en argent gravé de fleurs de prunier. Les anneaux sont en argent uni.

Pointes de Flèches

1118. ❧ Deux pointes de flèches en silex (?) opaque, admirablement taillées à tout petits éclats. Elles présentent la forme d'une pyramide à base losangée et à pédoncule partant de cette base. — Époque préhistorique,

1119. ❧ —— En bronze, d'une belle patine, à section losangée, à pointe ogivale. Les tranchants présentent une concavité externe qui donne une grâce remarquable à cet engin meurtrier. — Époque préhistorique.

1120. ❧ " Ko-kari mata " (vol de petit oie). — Chasse et guerre. — Il n'est pas impossible que la forme de cette flèche sinon cette flèche elle-même, soit coréenne : elle est en effet contemporaine des grandes guerres de Corée. — V⁰ siècle.

1121. ❧ " O kari-mata " (vol de grand oie). — Chasse et guerre. — Époque des campagnes de l'empereur Go-reï-zeï contre les barbares de l'est. — XI⁰ siècle.

1122. ❧ " Kari-mata " (vol d'oie). — Chasse et guerre. — Époque de la révolte des bonzes de Ko-foukou-ji contre l'empereur, To-ba. — XII⁰ siècle.

1123. ❧ Ko-raï (nom d'un forgeron célèbre de la province de Etchi-zën). Époque de la grande guerre de Ho-ghën (ainsi nommée du "nën-go" Ho-ghën — 1156-1158 — dont elle fut contemporaine), dans laquelle l'empereur Sou-tokou fut vaincu par Taï-ra no Kyo-mori. — Idem.

1124. ❧ Autre forme des flèches employées durant la guerre de Ho-gën (voir le numéro précédent). — Idem.

1125. ❧ " Hoghio dzoukashi tsoubaki gata togari ya " (flèche pointue simulant la feuille de camélia découpée en cœur). Ouvrage de la province de Boun-go. Époque de la victoire remportée à Dan-no-moura, en 1175, par Minamoto no Yoshi-tsouné sur les Taï-ra. — XII' siècle.

1126. ❧ " Kari-mata " Fabriquée à Iwa-ki, dans la province de Hari-ma, au moment que les Minamoto écrasaient définitivement la puissance des Taï-ra. — Idem.

1127. ❧ " Yanaghi ha gata " (figurant une feuille de saule). Faite par Youki-hara, " bet-to " du temple Ou-sa Hatchiman dans la province de Schiou-ga, qui eut l'honneur d'apprendre à l'empereur Go-to-ba l'art de forger les lames. — Idem.

1128. ❧ " Sasa ho gata " (figurant la feuille de bambou). Pièce exécutée par Nori-naga, forgeron de Shin-kaké, dans la province de Yamato. — XIII' siècle.

1129. ❧ " Wata koujiri " (arrache-entrailles) de l'époque de la guerre de Mi-déra, dans laquelle Kousou-noki Masa--shigé, fidèle vassal de l'empereur Go-daï-go, chassa les Ashi-kaga de Kyo-to. — XIV' siècle.

1130. ❧ " Kouwa gata " (feuille de mûrier). Flèche signée Nao-mouné, forgeron de la province de Bi-zën, qui vivait encore dans le " nën-go " Kën-bou (1334-1335). — Idem.

1131. ❧ " Hatchi sou hashi togaraï ya " (fer pointu découpé du chiffre huit). Cette flèche est du genre " arrache-entrailles ". Époque de la guerre de Mi-déra faite par l'empereur Go-daï-go pour punir la trahison de Ashi-kaga Ta-ka-oudji qui s'était proclamé " shogoun " de lui-même et révolté contre lui. — Idem.

1132. ❧ " Tsoubaki-gata " (feuille de camélia), portant la signature de Kané-shighé, forgeron de O-gava dans la province de Hari-ma, qui vivait dans les années de Teï-wa (1345-1350). — Idem.

1133. ❧ " Ho-ghio dzoukashi togari ya " (fer pointu découpé en cœur). A pu servir durant la rébellion de Owé--soughi contre le " sho-goun ", durant le " nën-go " O-yeï (1394-1427). — Idem.

1134. ❧ " Kari-mata ", par Séki Kané-oudji III', forgeron de la province de Mi-no, qui vivait dans le " nën-go " O-yeï, dont nous venons de parler. — Idem.

1135. ❧ " Kamo no shita " (langue de canard), par Masa-tsougou, forgeron de sabres de Nan-to, qui vivait encore dans les années de Tcho-kyo (1487-1488). Ce genre de flèche a pu vraisemblablement être employé durant la guerre de O-nïn que se firent les familles Ho-so-gava et Yama-na, au sujet de la succession du " sho-goun " Yoshi-masa. — XV' siècle.

1136. ❧ " Saso ho " (feuille de bambou), par Kané-harou, forgeron de Kïn-bo dans le Yamato, qui vivait encore dans le nën-go O-yeï (1394-1427. — Idem.

1137. ❧ " Ko-kari mata '. Faite dans la province de Etchi-zën vers 1400 ; elle a pu servir dans la guerre que fit au " sho-goun " Yoshi-mitsou le seigneur rebelle Oué-soughi. — Idem.

1138. ❧ " Kyo-tsou-kashi tsoubaki gata " (figure de la feuille de camélia découpée de gourdes, par Yasou-youki, de la province de O-wari, qui vivait dans les années de Tën-boun (1532-1554). C'est l'époque de la révolte des bonzes de Hon--gwan ji contre le " sho-goun " Yoshi-harou. — XVI' siècle.

1139. ❧ " Yanaghi ha ko gata " (feuille de saule ou d'épée lancéolée). Cette forme a été employée à l'époque du " nën-go " Yeï-rokou (1558-1569) à la bataille que se livrèrent à Kava-naka jima les deux armées de Oué-soughi et de Také--da. — Idem.

1140. ❧ ' O kari mata ", œuvre de Nobou-taka II', de la province de O-wari, ayant servi dans la même guerre que la précédente. — Idem.

1141. ❧ " Yanaghi-ha " (feuille de saule) portant la signature de Mitsou-zané, ancien " kéraï " du " daïmyo " " Mi--yoshi-kata ", Mitsou-zané se mit à forger des sabres et signa alors Tan-ba no kami Mitchi-zané, titre qui implique non pas que Mitchi-zané ait exercé les fonctions réelles de gouverneur de Tan-ba, mais la haute estime en laquelle on le tenait en bon lieu. Époque des guerres de Nobou-naga. — Idem.

1142. ❧ " Sakoura dzoukashi togari ya " (fer de flèche pointu à découpage en fleur de cerisier). A servi durant les mêmes guerres. — Idem.

1143. ❧ "Sakoura dzoukashi Isoubaki gata (feuille de camélia découpée en fleur de cerisier). Pièce signée Yoshi--hisa, de Ban-shiou, qui vivait dans le "nën-go' Keï-tcho (1596-1614), époque de la grande coalition des daï-myo contre Iyé-yasou. — Idem.

1144. ❧ "Sakoura dzoukashi togari ya" (flèche pointue découpée de fleurs de cerisier), par Mori-kadzou de Etchi--zën. On a pu se servir de cette sorte de flèche à la bataille de Séki-ga hara, du temps du "sho-goun" Iyé-yasou. — Idem.

1145. ❧ "Ko no ha gata" (feuille d'arbre) par Ki-do de O-wari. Cette flèche a été employée en même temps que la précédente. — Idem.

1146. ❧ 'Ho ghio dzoubashi tzoubaki togari ya' (voir plus haut), par Djo-tchô, célèbre forgeron de sabres du Yamato, qui vivait encore dans les années de Meï-réki (1655-1657). Cette forme de flèche a pu servir au massacre des chrétiens de Shima-bara. — XVII siècle.

1147. ❧ Flèche du temps de Iyé-yasou. C'est la reproduction faite à cette époque d'un fer déposé par le prince Sho-tokou Taï-shi, fils de l'empereur alors régnant, dans le temple O-riou-ji. On ignore le nom du fabricant de cette reproduction. — Idem.

1148. ❧ "O-kari-mata" par Nobou-kata 1ᵉʳ de la province de O-wari. — Idem.

1149. ❧ "Hoghio dzoukashi kari mata" (grand vol d'oie découpé à jour d'un cœur). Ouvrage de Nobou-taka II de O-wari. — Idem.

1150. ❧ "Ha-ghio dzoukashi togari ya" (flèche pointue découpée d'un cœur) portant la signature de Foudji--hara Souké-mitchi, d'une famille de O-wari. Ce fer a été trouvé dans un tronc d'arbre et c'est en le retirant que l'un des crochets a été brisé. — Idem.

1151. ❧ "Kamo-no shita", œuvre de Ki-do de O-wari. — Idem.

OBJETS DE HARNACHEMENT

1152. ❧ Harnachement de cheval, donné par Taï-ko Sama à l'un de ses "kéraï". Il comprend : 1ᵉ Une selle et des étriers laqués et incrustés de nacre. Leur décoration consiste en grappes de raisin et feuilles de vigne. — 2ᵉ Un mors en fer forgé et sa bride. — 3ᵉ Des coussins à placer sous la selle; des pièces de cuir rouge repoussé, orné de plantes au feuillage doré; un tapis de croupe, rouge, orné de tigres brodés et de trois cabochons dorés. — XVIᵉ siècle.

1153. ❧ Paire d'étriers, en fer incrusté de fil d'argent dessinant des fleurs et des feuillages. Travail très riche. — XVIIᵉ siècle.

1154. ❧ —— En fer incrusté d'argent, représentant des paons qui font la roue. — Idem.

OBJETS DIVERS

1155. ❧ Une poche à tabac en cuir. Le "kané-mono", qui n'est autre chose qu'un bout de sabre transformé à cette intention, est en fer incrusté d'or et de "shakoudo"; il représente une divinité tenant un sabre et une corde lovée. Le "nédzouké" est, lui, un anneau de sabre en fer incrusté d'or, d'argent et de bronze rouge; il représente une cascade de chaque côté de laquelle se tient un personnage mythologique et est signée : Seï-zoui. On lui a adjoint un anneau et une petite cuvette en argent. — XVIIIᵉ siècle.

N° 1121

— N° 1119 —

N° 1131 N° 1126 N° 1134 N° 1147 N° 1138 N° 1133 N° 1120 N° 1125 N° 1143 N° 1144 N° 1139 N° 1128 N° 1136

N° 974 N° 965 bis N° 968 N° 970 N° 965

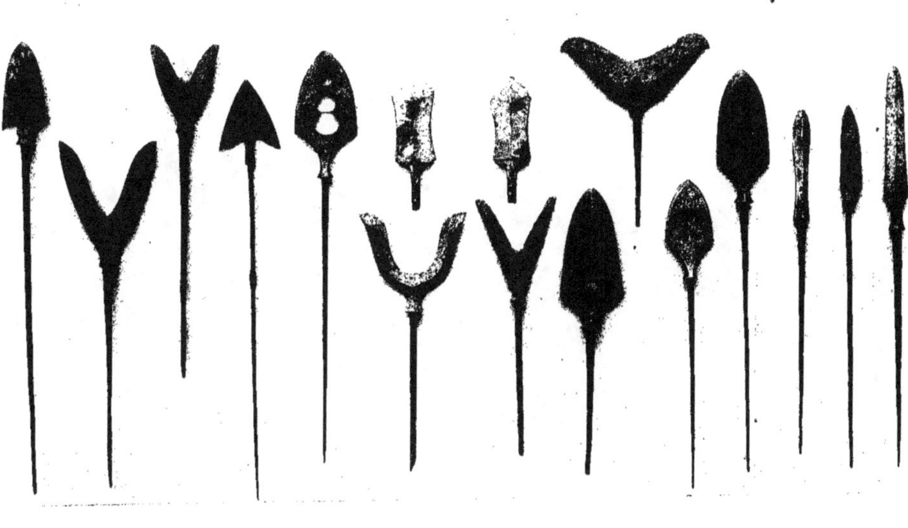

1156. — Une paire de poids de " kakémono " en plomb représentant, sur une face, un paysage montagneux et, sur l'autre. une barque à la voile.

1157. — —— En bronze, de forme campanulée, portant des caractères décoratifs archaïques et simulant de vieilles monnaies chinoises.

1158. — —— En bronze. Ce sont encore des monnaies que représentent ces poids, percés en leur centre d'un trou quadrangulaire; mais ces monnaies sont encadrées par deux canards mandarins affrontés et deux poissons qui mordent à la queue les pauvres volatiles.

1159. — Un " hi-batchi " de " tcha-noyou " avec sa bouilloire. Fer. — XVIII' siècle.

1160. — Une bouilloire, en fer, ornée d'un dragon en relief. — Idem.

1161. — Une autre bouilloire en fer. — Idem.

1162. — Quatre porte-bouquets en vannerie. Deux ont un peu la forme d'une gourde; le troisième affecte celle d'une bouteille cabossée au large col écrasé; la quatrième, plus petite, est munie de deux anses.

1163. — Un meuble en vieux laque rouge, formant étagère avec tiroirs.

1164. — Un grand support en vieux laque rouge.

1165. — Trois petits supports en vieux laque rouge.

1166. — Quatre supports de tailles diverses, en bois de fer.

1167. — Une grande vitrine en palissandre.

Table des Noms d'Artistes

OBJETS D'ART

TABLEAUX
SYNOPTIQUES

TABLEAU SYNOPTIQUE

de

L'ÉCOLE DE HISHI-KAVA

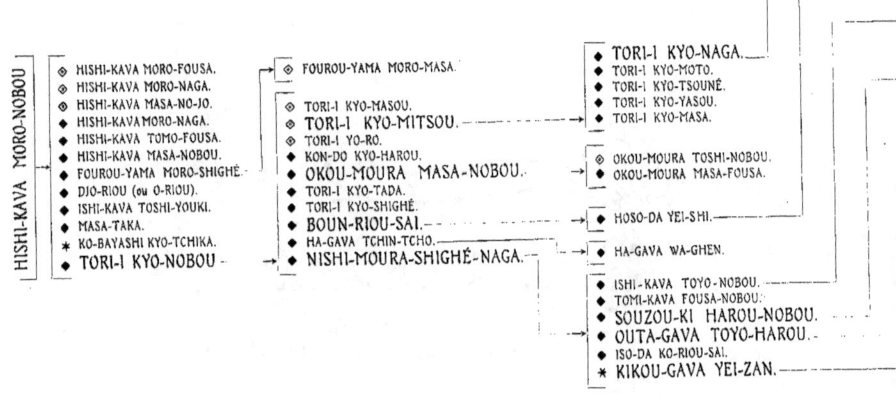

EXPLICATION DES SIGNES

◈ Fils ou Fille.

◆ Élève.

✳ Élève incertain ou rattaché à l'école.

Il ne faut pas s'étonner de trouver souvent, à la suite l'un de l'autre, deux artistes dont les noms se prononcent de même ; ce n'est pas toujours une raison pour que ces noms soient écrits avec les mêmes caractères. En tous cas, l'un ne dérivant point de l'autre, nous n'avons pas voulu appeler le second N... II'.

◆ TORI-I KYO-KATSOU.
◆ TORI-I KYO-TSOUGOU.
◆ TORI-I KYO-HISA.
◆ TORI-I KYO-SADA.
◆ TORI-I KYO-HIRO.
◆ TORI-I KYO-YOUKI.
◆ TORI-I KYO-TOKI.
◆ TORI-I KYO-MINÉ.

◆ YEI-SHO.

◉ ISHI-KAVA TOYO-KOUMA.

◆ SHI-BA KO-KAN.
◆ SHIMO-KOBÉ JIOU-SOUI.
◆ KITA-O SHIGHÉ-MASA.

◆ OUTA-GAVA TOYO-HAROU II".
◆ OUTA-GAVA TOYO-HIRO.
◆ OUTA-GAVA TOYO-HISA.
◆ OUTA-GAVA TOYO-MAROU.
◆ OUTA-GAVA TOYO-HIDÉ.
◆ OUTA-GAVA TOYO-KOUNI.

◆ YEI-SHIN.
◆ YEI-RI.
◆ YEI-TCHO.
◆ YEI-SHI.
◆ YEI-SHO.
◆ KEI-SAI YEI-SEN.
◆ YEI-ITCHI.
✳ HAROU-KAVA YEI-ZAN.

◉ KYO-HO.

◉ KITA-O SHIGHÉ-MASA. II".
◆ KITA-O MASA-NOBOU.
◆ KITA-O MASA-YOSHI.

◉ OUTA-GAVA TOYO-KYO.
◆ HIRO-MASA.
◆ HIRO-TCHIKA.
◆ HIRO-TSOUNÉ.
◆ ITCHI-RIOU-SAI HIRO-SHIGHÉ.
◆ HIRO-MASA.

◆ KOUNI-MASA.
◆ KOUNI-MASA II".
◆ KOUNI-MITSOU.
◆ KOUNI-MAROU.
◆ KOUNI-TORA,
◆ KOUNI-NAGA. -
◆ KOUNI-TSOUGOU.
◆ KOUNI-YASOU.
◆ KOUNI-YASOU II".
◆ KOUNI-NAO. -
◆ KOUNI-NAO II".
◆ KOUNI-MATSOU.
◆ KOUNI-YOSHI.
◆ KOUNI-FOUSA.
◆ KOUNI-KWA-DJO.
◆ KOUNI-SADA.

◆ YEI-SHIOUN.
◆ YEI-JIOU.
◆ SEN-TCHO.
◆ SEN-KITSOU.
◆ SEN-RI.
◆ SEN-RIN.
◆ BOUN-SAI.

◆ RIOU-KO.

◆ SÉKI-SHI.

◆ HIRO-TCHIKA II".

✳ HIRO-SHIGHÉ II".
✳ HIRO-KAGHÉ.

◆ YOSHI-MAROU.
◆ YASOU-NOBOU.
◆ YASOU-HIDÉ.
◆ YASOU-SHIGHÉ.
◆ YASOU-TSOUNÉ.
◆ YASOU-KYO.
◆ YASOU-HO.
◆ TOSHI-MAROU.

◆ KOUNI-TAKÉ.
◆ KOUNI-MOUNÉ.

◆ SHIGÉ-MAROU.

◆ KAVA-NABÉ KYO-SAI.
◆ KI-YEI.
◉ KOUNI-YOSHI-DJO.
◆ MASA-MORI.
◆ NOBOU-FOUSA.
◆ NOBOU-KAZOU.
◆ NOBOU-KYO.
◆ SHIN-YO-KI.
◆ YOSHI-FOUDJI.
◆ YOSHI-FOUSA.
◆ YOSHI-HAROU.
◆ YOSHI-HIDÉ.
◆ YOSHI-HIDÉ.
◆ YOSHI-HIRO.
◆ YOSHI-IKOU.
◆ YOSHI-KADZOU.
◆ YOSHI-KAGHÉ.
◆ YOSHI-KANÉ.
◆ YOSHI-KATSOU.
◆ YOSHI-KYO.
◉ YOSHI KOUNI-YOSHI-DJO.
◆ YOSHI-MAROU.
◆ YOSHI-MASA.
◆ YOSHI-MI.
◆ YOSHI-MITSOU.
◆ YOSHI-MORI.
◆ YOSHI-MOTO.
◆ YOSHI-MOUNÉ.
◆ YOSHI-NAO.
◆ YOSHI-NOBOU.
◆ YOSHI-OUMÉ.
◆ YOSHI-SADA.
◆ YOSHI-SATO.
◆ YOSHI-TAKA.
◆ YOSHI-TAMÉ.
◆ YOSHI-TCHIKA.
◆ YOSHI-TÉROU.
◆ YOSHI-TOMI.
◆ YOSHI-TORA.
◆ YOSHI-TORI.
◆ YOSHI-TOSHI.
◆ YOSHI-TOYO.
◆ YOSHI-TSOUGOU.
◆ YOSHI-TSOUNA.
◆ YOSHI-TSOUROU.
◆ YOSHI-TSOUYA.
◆ YOSHI-YEI.
◆ YOSHI-YOUKI.

◆ KATSOU-SHIGHÉ.
◆ KATSOU-NOBOU.
◆ KATSOU-HIDÉ.
◆ KATSOU-MASA.
◆ KATSOU-YOSHI.

◉ KAWA-NABÉ KYO-SHIN.
◆ KYO-SHIOUN.

◆ KOUNI-AKIRA.
◆ KOUNI-AKIRA II".
◆ KOUNI-ASA.
◆ KOUNI-FOUSA.
◆ KOUNI-FOUSA.
◆ KOUNI-HAROU.
◆ KOUNI-HIDÉ.
◆ KOUNI-HIKO.
◆ KOUNI-HISA.
◆ KOUNI-HISA-JO.
◆ KOUNI-KYO.
◆ KOUNI-IYÉ.
◆ KOUNI-KADZOU.
◆ KOUNI-KAGHÉ.
◆ KOUNI-KANÉ.
◆ KOUNI-KAZOU.
◆ KOUNI-MARO.
◆ KOUNI-MASOU.
◆ KOUNI-MINÉ.
◆ KOUNI-MITCHI.
◆ KOUNI-MITSOU.
◆ KOUNI-MORI.
◆ KOUNI-NOBOU.
◆ KOUNI-SADA II".
◆ KOUNI-SATO.
◆ KOUNI-TADA.
◆ KOUNI-TAKA.
◆ KOUNI-TAKI.
◆ KOUNI-TAMA.
◆ KOUNI-TAMÉ.
◆ KOUNI-TANÉ.
◆ KOUNI-TCHIKA.
◆ KOUNI-TCHIKA.
◆ KOUNI-TÉROU.
◆ KOUNI-TOKI.
◆ KOUNI-TOKOU.
◆ KOUNI-TOMI.
◆ KOUNI-TOMO.
◆ KOUNI-TORA.
◆ KOUNI-TOSHI.
◆ KOUNI-TSOUNA.
◆ KOUNI-TSOUROU.
◆ KOUNI-YÉ.
◆ KOUNI-YOUKI.
◆ SADA-FOUSA.
◆ SADA-HIDÉ.
◆ SADA-HIRO.
◆ SADA-HISA.
◆ SADA-KAGHÉ.
◆ SADA-MASOU.
◆ SADA-NOBOU.
◆ SADA-SHIGHÉ.
◆ SADA-SHIGHÉ.
◆ SADA-TORA.
◆ SADA-TSOUNA.
◆ SADA-YOUKI.
◆ TAKÉ-MITSOU.
◆ TAKÉ-SHIGHÉ.
◆ TAKÉ-TORA.
◆ TEI-KWA-JO.
◆ TEI-SHO.

ÉCOLE DE HANABOUSA

ÉCOLE DE MYA-GAVA

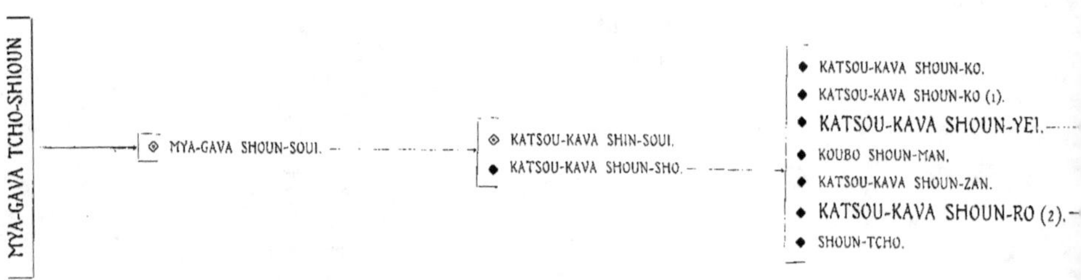

EXPLICATION DES SIGNES

◎ Fils ou Fille.

◆ Élève.

⋆ Élève incertain ou rattaché à l'école.

◎ HANABOUSA IS-SHO (5).

◎ KO SOU-KOKOU III'.

◆ SOU-JIOU.

◎ HANABOUSA IS-SEI (6).

◎ SOU-RIO.

◆ SAWA-YAMA KO-KEI.

◆ WA-DA KO-GAKOU.

◆ NAKA-NÉ KO-KYOKOU.

◆ IS-SOUI.

(1) Nommé par ses contemporains Tcho-hatchi It-tcho.
(2) Cet artiste a porté aussi le surnom de Is-shiou.
(3) Comme élève de Hanabousa It-tcho, il se nommait Is-sĕn.
(4) Comme élève de It-tcho il a porté le surnom de Hanabousa Is-soui.
(5) Il était le vrai fils de Ko Sou-kokou I" et comme tel se nommait Sou-shin.
(6) Il était le vrai fils de Ko Sou-kokou III'.

◆ KATSOU-KAVA SHOUN-TEI.
◆ KATSOU-KAVA SHOUN-SEN (3).
◆ KATSOU-KAVA SHOUN-DO.
◆ KATSOU-KAVA SHOUN-GHIOKOU.
◆ KATSOU-KAVA SHOUN-KIOU.
◆ KATSOU-KAVA SHOUN-SEI.
◆ KATSOU-KAVA SHOUN-SETSOU.
◆ KATSOU-KAVA SHOUN-TOKOU.
◆ KATSOU-KAVA SHOUN-WA.
◆ KATSOU-KAVA SHOUN-KO.

◆ KATSOU-SHIKA HOK-KEI.
◆ KATSOU-SHIKA HOK-KO.
◆ KATSOU-SHIKA HOKOU-GA.
◆ KATSOU-SHIKA HOKOU-I.
◆ KATSOU-SHIKA HOKOU-ITCHI.
◆ KATSOU-SHIKA HOKOU-MEI.
◆ KATSOU-SHIKA HOKOU-MOKOU.
◆ KATSOU-SHIKA HOKOU-RIOU.
◆ KATSOU-SHIKA HOKOU-SEN.
◆ KATSOU-SHIKA HOKOU-SHIOU.
◆ KATSOU-SHIKA HOKOU-SHIOU (4)
◆ KATSOU-SHIKA HOKOU-TAI.
◆ KATSOU-SHIKA HOKOU-YEN.

◆ KATSOU-SHIKA HOKOU-YO.
◆ KATSOU-SHIKA IS-SAI.
◆ KATSOU-SHIKA I-ITSOU.
◆ KATSOU-SHIKA I-ITSOU (5).
◆ KATSOU-SHIKA MASA-HISA.
◆ KATSOU-SHIKA RAI-SEN.
◆ KATSOU-SHIKA RAI-SHIOU.
◆ KATSOU-SHIKA TAI-TCHO.
◆ KATSOU-SHIKA TAI-SO.
◆ ADZOUMA SHIOUN-REI.
◆ BOKOU-SEN.
◆ GAKOU-TEI HAROU-NOBOU.
◆ GHES-SAI OUTA-MASA.
◆ GWA-SAN-JIN.
◆ HAKOU-YEI.
◆ HOKOU-DO BOKOU-ZAN.
◆ HOKOU-GHIOU.
◆ HOKOU-JIOU.
◆ HOKOU-OUN.
◎ HOKOU-SAI-JO.
◆ HOKOU-SAI II'.
◆ HOKOU-SEN.
◆ HOKOU-SHIOU.
◆ HOKOU-SOU.

◆ HOKOU-YEI.
◆ HOKOU-YO.
◆ OUWO-YA HOK-KEI.
◆ RAI-SHIOU.
◆ RIOU-TEI SHIGHÉ-HAROU.
◆ SHIN-SAI.
◆ TAI-TO.
∗ TAWARA-YA SO-RI III ——— ◆ IWA-KOUBO HOK-KEI.
◆ TEI-SAI HOKOU-BA.
◆ YANA-GAVA SHIGHÉ-NOBOU. ——— ◎ YANA-GAVA SHIGHÉ-YA-MA.
◎ YEI-JO.
◆ KO-DAI.
◆ MI-TA HOKOU-GA. ——— ◆ ITCHI-KAVA KAN-SA.

(1) Le nom de cet artiste ne s'écrit point comme celui du précédent
(2) Katsou-kava Shoun-ro est le premier nom de Hokou-sai I".
(3) Cet artiste se nommait aussi Katsou-kava Shoun-rin.
(4) et (5) Les noms de ces deux artistes ne s'écrivent pas avec les mêmes caractères que ceux qui les précèdent.

ÉCOLE DE TORI-YAMA

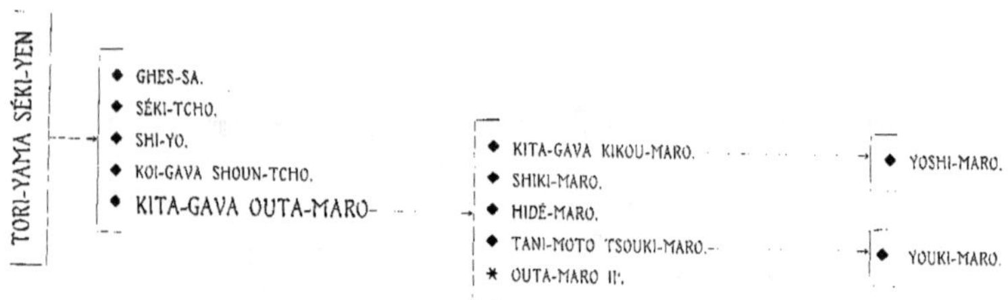

ÉCOLE DE TSOUDZOUMI

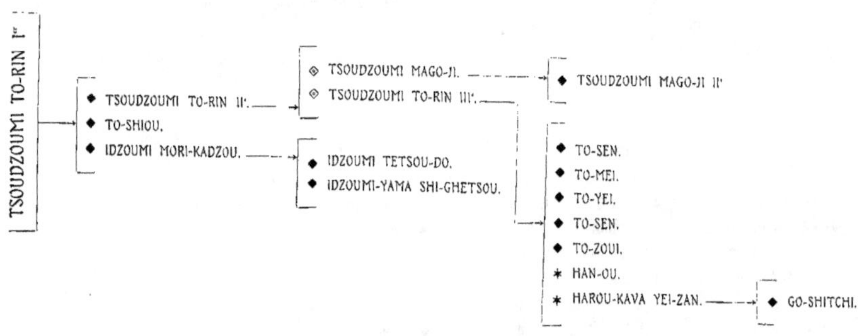

ÉCOLE DE TSOUKI-OKA SET-TEÏ

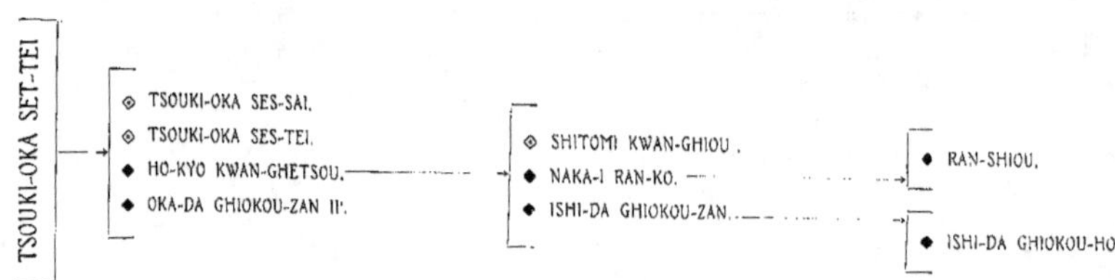

EXPLICATION DES SIGNES

◎ Fils ou Fille.
◆ Élève.
✱ Élève incertain ou rattaché à l'école.

Achevé d'imprimer le trente avril mil neuf cent quatre, pour le compte de Monsieur Pierre Barboutau par

Philippe Renouard,

maître imprimeur, demeurant à Paris, 19, Rue des Saints-Pères, avec les caractères "Française Légère" et "Champlevé" dessinés par George Auriol gravés et fondus par G. Peignot et fils, 68, Boulevard Edgar-Quinet. Les reproductions ont été exécutées par la Maison

Fortier et Marotte,

35, Rue de Jussieu. La couverture dessinée par George Auriol, a été gravée par Vignerot, Demoulin et Cie, 118, Rue de Vaugirard.